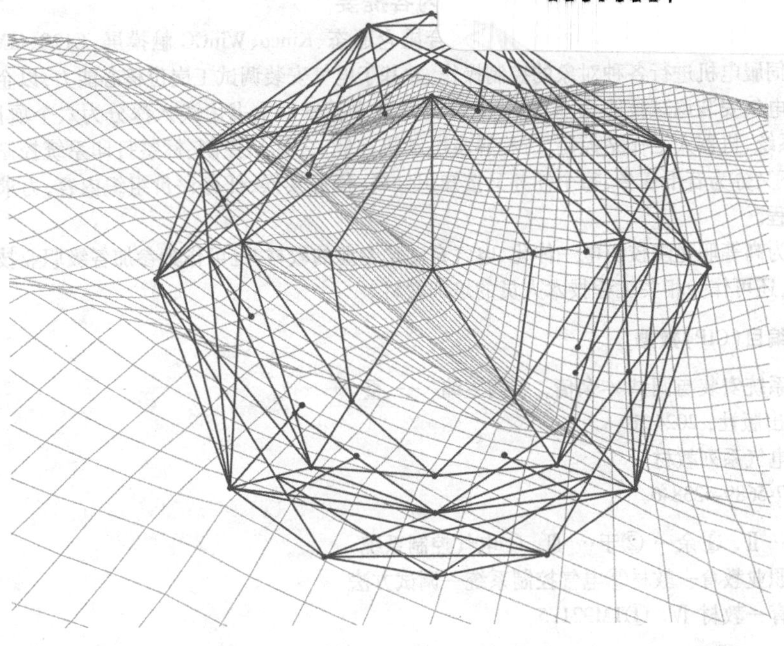

电气控制系统安装与调试

主　编　余　倩　于　翔

副主编　李笑平　张夏霖　黄听立

重庆大学出版社

内容提要

本书以西门子 1200 系列 PLC 为控制器，结合昆仑通态、Kinco、WinCC 触摸屏，G120、MM420、V20 变频器，步进电机，伺服电机进行各种对象的控制操作，并基于电气安装调试工岗位核心能力，以企业实际案例为载体融入现代电气安装调试技能竞赛、电气安装调试证书标准。本书由浅入深分为六个项目：智能计分系统、智能供水系统、机器人工作站控制、三相异步电动机控制、分拣站控制、标签打印系统控制。基于工作过程，每个项目下又分为若干任务，每个任务又按知识储备、任务实操、任务评价组织内容，力求接近真实工程项目的实施过程。

本书可作为高等职业院校机电一体化、电气自动化专业的教材，也可作为参加各级职业技能大赛的学生的实训参考书，还可作为相关工程技术人员的培训教材。

图书在版编目(CIP)数据

电气控制系统安装与调试 / 余倩，于翔主编. -- 重庆：重庆大学出版社，2024.1

高职高专电气系列教材

ISBN 978-7-5689-4238-6

Ⅰ. ①电… Ⅱ. ①余… ②于… Ⅲ. ①电气控制系统—安装—高等职业教育—教材②电气控制系统—调试方法—高等职业教育—教材 Ⅳ. ①TM921.5

中国国家版本馆 CIP 数据核字(2023)第 242172 号

高职高专电气系列教材

电气控制系统安装与调试

DIANQI KONGZHI XITONG ANZHUANG YU TIAOSHI

主 编 余 倩 于 翔

副主编 李笑平 张夏霖 黄听立

策划编辑：荀荟羽

责任编辑：张红梅 版式设计：荀荟羽

责任校对：王 倩 责任印制：张 策

*

重庆大学出版社出版发行

出版人：陈晓阳

社址：重庆市沙坪坝区大学城西路 21 号

邮编：401331

电话：(023) 88617190 88617185(中小学)

传真：(023) 88617186 88617166

网址：http://www.cqup.com.cn

邮箱：fxk@cqup.com.cn (营销中心)

全国新华书店经销

重庆愚人科技有限公司印刷

*

开本：787mm×1092mm 1/16 印张：13.25 字数：325 千

2024 年 1 月第 1 版 2024 年 1 月第 1 次印刷

ISBN 978-7-5689-4238-6 定价：49.00 元

前言

随着《中国制造2025》国家行动纲领的提出与贯彻执行，制造行业开始进行自动化、数字化及更进一步的网络化、智能化升级改造工程。在此过程中需要大量的具有机电技术综合技能的复合型人才。机电一体化产品除了要精度高、动力强、速度快，更需要自动化、柔性化、信息化、智能化，并逐步实现自适应、自控制、自组织、自管理，向智能化发展。随着制造业转型升级改造的加速，企业将加大对机电一体化复合型人才的需求。

本书围绕立德树人根本任务，紧扣国家教学标准，对接职业技能等级标准，遵循"思政引领、知识导学、技能示范、实践提升"理念，以培养会操作、懂编程、能应用、敢创新的机电一体化操作技术技能人才为目标设计全书内容。围绕立德树人根本任务，本书构建了"见贤思齐、素质提升、安全意识"三线并进、德技并修的思政体系，将思政要素融入知识和技能，引导学生培养良好的职业素养和工匠精神。以企业真实生产任务为载体，本书系统构建了编程知识和操作技能项目体系。

本书基于智能制造岗位核心能力，推进岗位需求、课程内容、技能竞赛、证书标准融通。本书以机器人工作站控制等企业经典实战项目为载体，培养智能制造岗位核心能力，融入劳模精神、工匠精神，培育并提升学生就业核心竞争力与可持续发展综合素养。本书基于电气装调工作过程进行编写，项目安排由浅入深、从简到繁，融入新技术、新工艺、新要求，在具体项目教学过程中，将理论知识、虚拟仿真、实践操作融入学习情境中，培养学生的综合职业能力。本书由6个项目、26个任务构成，主体部分按照工作流程组织教材内容，以"项目"与"任务"的结构形式编排，每个项目中的任务按照"知识储备""任务实操"和"任务评价"进行内容组织，辅以图文及操作示例，构建机电一体化设备调试知识技能体系。每个任务既独立又相互联系，由基础操作逐步递进至高级编程，适合于应用型本科院校、高职院校、中职学校相关专业根据教学层次选择项目实施教学，实现中、高、本阶段教学的无缝衔接。

本书由成都工业职业技术学院余倩、于翔任主编；成都工业职业技术学院李笑平、张夏霖，浙江亚龙企业导师黄听立任副主编。项目一、项目六由于翔编写；项目二、项目三由余倩编写；项目四由张夏霖编写；项目五由李笑平编写；全书项目技术审核由黄听立完成。

本书精选企业真实案例，任务单和考核表参考企业考核表，融入KPI考核模式，从核心岗位技能出发，配套建设教材数字化资源，目前已开发电子课件、知识讲解+仿真演示+实操示范微课及练习题库，形成了新形态立体教材。配套二维码观看数字资源，支撑课内教学延展至课前和课后，为自主、个性化学习提供资源，形成学生想学、随时可学、随处可练的新教学形态。

由于编者水平有限，书中疏漏之处难免，请广大读者批评指正。

编　者

2023年2月

目录

项目一 智能计分系统

【项目目标】

1. 会根据实际工程创建组态画面；
2. 会创建工程参数；
3. 会查看工程数据曲线；
4. 了解工控组态软件的种类和功能。

【项目任务】

OIS(作业指导书)与WES(操作要素)				班组	
				作业内容	智能计分系统
关键点标识	✚ 安全　人机工程　▽ 关键操作　◇ 质量控制　Ⓔ 防错				
No.	操作顺序	品质特性及基准	操作要点	关键点	工具设备
※	设备点检	设备点检基准书	目视、触摸、操作	✚	电动机、变频器
1	新建工程		编程操作	◇	组态软件
2	启动画面制作		编程操作	◇	组态软件
3	登录画面制作		编程操作		组态软件
4	下拉框的使用		编程操作		组态软件
5	子窗口弹出		编程操作		组态软件
6	曲线制作		编程操作		组态软件
质量标准	完成每个单项任务要求				
突发质量问题处理流程	OP手 > 报告监督员 > 报告工程师 > 报告质检科 > 报告经理 > 报告厂长				

续表

保护用具	围裙 工作服 安全帽 劳保鞋 线手套 防切割手套 防护袖套 防护眼镜 防护面罩 耳塞 防尘口罩
5S 现场	整理、整顿、清扫、清洁、素养
思考问题	

任务一　新建工程

一、知识储备

（一）什么是组态软件？

组态软件，又称组态监控系统软件，译自英文 Supervisory Control and Data Acquisition（SCADA，数据采集与监视控制）。它是数据采集与过程控制的专用软件。

组态软件是处于自动控制系统监控层一级的软件平台和开发环境，使用灵活，为用户提供快速构建工业自动控制系统监控功能的、通用层次的软件工具。组态软件的应用领域很广，可以应用于电力系统、给水系统、石油、化工等领域的数据采集与监视控制以及过程控制等。在电力系统以及电气化铁道上组态软件又称远动系统。

“组态”的含义是“配置”“设定”“设置”等，是指用户通过类似“搭积木”的简单方式完成自己所需要的软件功能，而不需要编写计算机程序。有时组态也称为“二次开发”，组态软件也称为“二次开发平台”。

“监控（Supervisory Control）”即“监视和控制”，是指通过计算机信号对自动化设备或过程进行监视、控制和管理。

（二）国内外组态软件介绍

1. 国外软件

（1）InTouch：Wonderware（万维公司）是 Invensys PLC“生产管理”部的一个运营单位，是全球工业自动化软件的领先供应商。Wonderware 的 InTouch 软件是最早进入我国的组态软件。

（2）WinCC：西门子自动化与驱动集团（A&D）是西门子股份公司中最大的集团之一，是西门子工业领域的重要组成部分。Siemens 的 WinCC 也是一套完备的组态开发环境，Simens 提供类 C 语言的脚本，包括一个调试环境。WinCC 内嵌 OPC 支持，可对分布式控制进行组态。

但 WinCC 的结构较复杂,用户最好接受 Siemens 的培训以掌握 WinCC 的应用。

(3) Movicon:由意大利自动化软件供应商 PROGEA 公司开发。该公司自 1990 年开始开发基于 Windows 平台的自动化监控软件,可在同一开发平台完成不同运行环境的需要。最具特色之处在于完全基于 XML,又集成了 VBA 兼容的脚本语言及类似 STEP-7 指令表的软逻辑功能。

2. 国内软件

(1)世纪星:由北京世纪长秋科技有限公司开发,产品自 1999 年开始销售。

(2)三维力控:由北京三维力控科技有限公司开发,核心软件产品初创于 1992 年。

(3)组态王 KingView:由北京亚控科技发展有限公司开发,该公司成立于 1997 年。1991 年开始创业,1995 年推出组态王 1.0 版本,目前在市场上广泛推广 KingView6. 53、KingView6. 55 版本。

(4)紫金桥 Realinfo:由紫金桥软件技术有限公司开发。

(5)MCGS:由北京昆仑通态自动化软件科技有限公司开发,主要是搭配硬件销售。

(6)态神:南京新迪生软件技术有限公司开发,核心软件产品初创于 2005 年,是首款 3D 组态软件。

(7)威纶通:由台湾威纶通科技有限公司开发,专注于中国 HMI 市场,已广泛应用于机械、纺织、电气、包装、化工等行业。

(三)组态软件的特点和功能

(1)延续性和可扩充性。用通用组态软件开发的应用程序,当现场(包括硬件设备或系统结构)或用户需求发生改变时,不需要作很多修改而方便地完成软件的更新和升级。

(2)封装性(易学易用)。通用组态软件所能完成的功能都用一种方便用户使用的方法包装起来,对于用户,不需要掌握太多的编程语言技术(甚至不需要编程技术),就能很好地完成一个复杂工程所要求的所有功能。

(3)通用性。每个用户根据工程实际情况,利用通用组态软件提供的底层设备(PLC、智能仪表、智能模块、板卡、变频器等)的 I/O Driver、开放式的数据库和画面制作工具,就能完成一个具有动画效果、实时数据处理、历史数据和曲线并存、具有多媒体功能和网络功能的工程,不受行业限制。

组态软件一般都能完成以下几个功能:

①实时数据采集(数字量、模拟量);

②动态显示数据(文本、曲线、图、表等方式);

③数据的实时运算处理(内置数字处理+脚本支持);

④过程控制(脚本实现控制策略,流程控制);

⑤历史数据记录;

⑥报警功能;

⑦网络通信功能(TCP/IP、Modem);

⑧开放式结构(可扩充性,允许二次开发)。

（四）什么是 MCGS 软件？

MCGS（Monitor and Control Generated System）是一套基于 Windows 平台的，用于快速构造和生成上位机监控系统的组态软件系统。

MCGS 组态软件由北京昆仑通态自动化软件科技有限公司出品，分通用版、网络版和嵌入版，可在公司官方网站上下载 30 min 学习版和相关学习资料。

（五）MCGS 软件的结构

MCGS 软件由组态环境和运行环境两个系统组成，如图 1-1 所示。

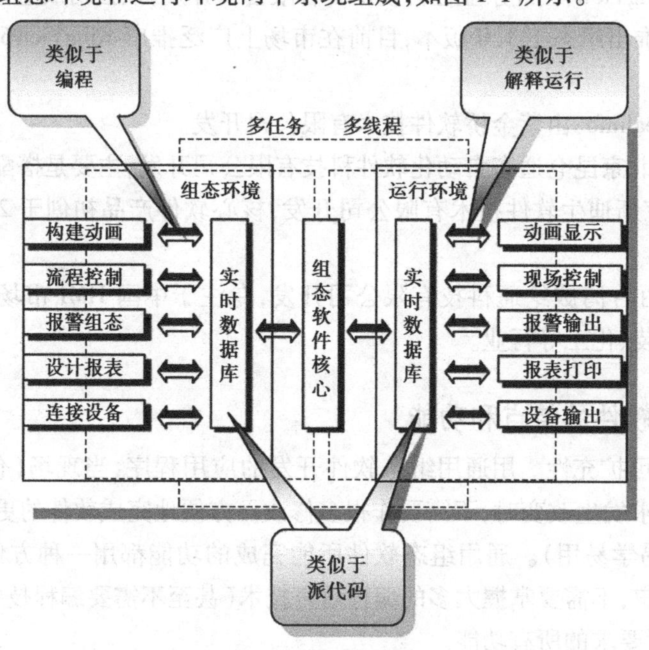

▲图 1-1 MCGS 运行环境

MCGS 组态环境是生成用户应用系统的工作环境，由可执行程序 McgsSet. exe 支持，其存放于 MCGS 目录下的 Program 子目录中。用户在 MCGS 组态环境中完成动画设计、设备连接、编写控制流程、编制工程打印报表等全部组态工作后，生成扩展名为. mcg 的工程文件，又称组态结果数据库，其与 MCGS 运行环境一起，构成用户应用系统，统称为“工程”。

MCGS 运行环境是用户应用系统的运行环境，由可执行程序 McgsRun. exe 支持，其存放于 MCGS 目录下的 Program 子目录中，在运行环境中完成对工程的控制工作。

（六）MCGS 软件的组成

MCGS 软件所建立的工程由主控窗口、设备窗口、用户窗口、实时数据库和运行策略五部分构成，如图 1-2 所示，每一部分分别进行组态操作，完成不同的工作，具有不同的特性。

用 MCGS 软件组建新工程的一般过程如图 1-3 所示。

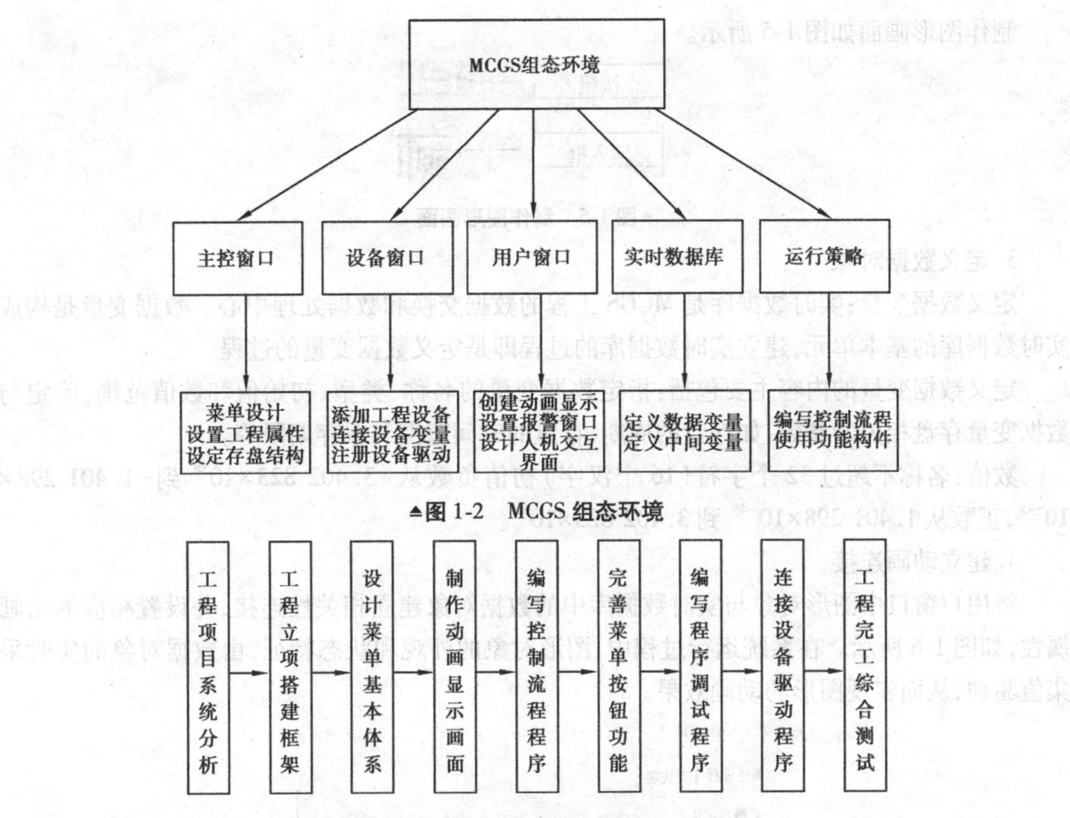

▲图 1-2　MCGS 组态环境

▲图 1-3　组建流程

（七）MCGS 软件简介

1. MCGS 软件界面

MCGS 软件界面如图 1-4 所示。

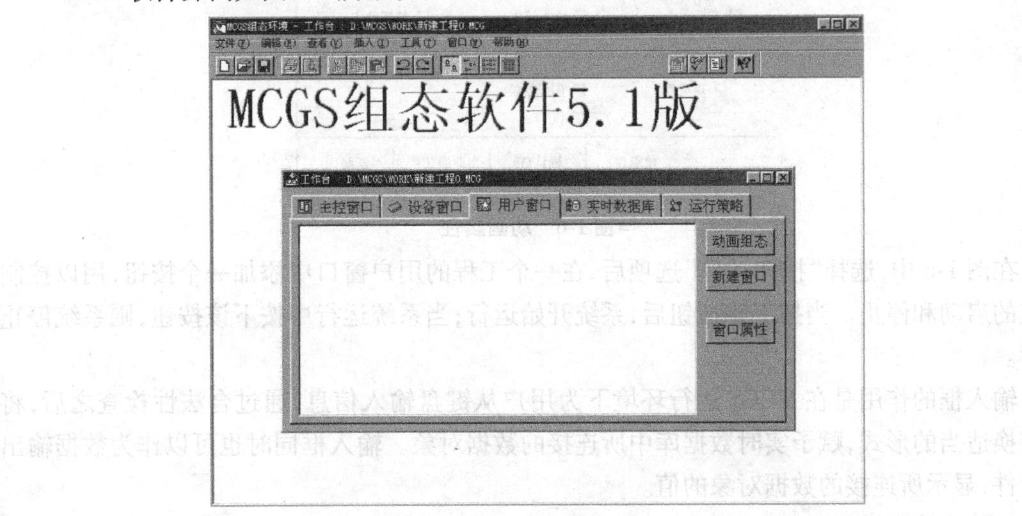

▲图 1-4　软件界面

2. 制作图形画面

制作图形画面如图 1-5 所示。

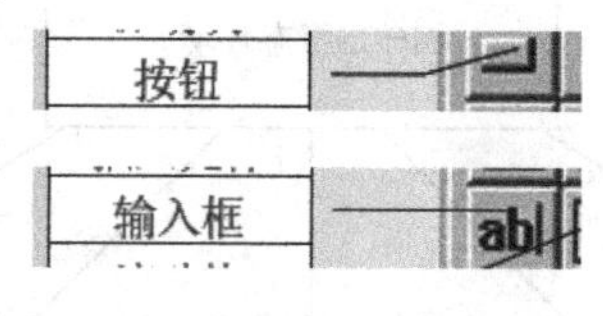

▲图 1-5　制作图形画面

3. 定义数据对象

定义数据变量:实时数据库是 MCGS 工程的数据交换和数据处理中心。数据变量是构成实时数据库的基本单元,建立实时数据库的过程即是定义数据变量的过程。

定义数据变量的内容主要包括:指定数据变量的名称、类型、初始值和数值范围,确定与数据变量存盘相关的参数,如存盘的周期、存盘的时间范围和保存期限等。

数值:名称不超过 32 个字符(16 个汉字)初值负数从 $-3.402\ 823\times10^{38}$ 到 $-1.401\ 298\times10^{-45}$,正数从 $1.401\ 298\times10^{-45}$ 到 $3.402\ 823\times10^{38}$。

4. 建立动画连接

将用户窗口中图形对象与实时数据库中的数据对象建立相关性连接,并设置相应的动画属性,如图 1-6 所示。在系统运行过程中,图形对象的外观和状态特征,由数据对象的实时采集值驱动,从而实现图形的动画效果。

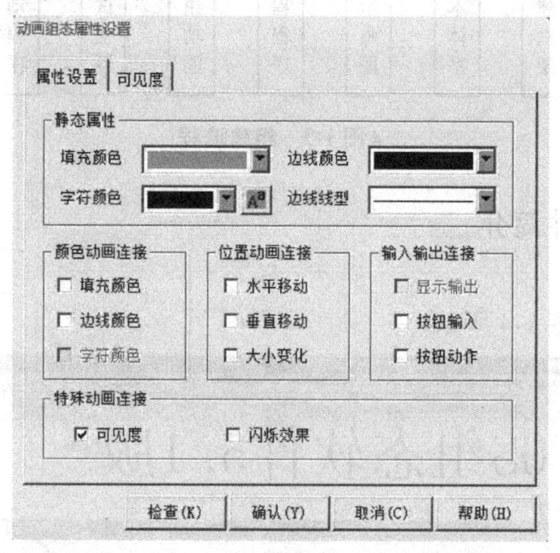

▲图 1-6　动画属性

在图 1-6 中,选择“按钮动作”选项后,在一个工程的用户窗口中添加一个按钮,用以控制系统的启动和停止。当按下该按钮后,系统开始运行;当系统运行中按下该按钮,则系统停止运行。

输入框的作用是在 MCGS 运行环境下为用户从键盘输入信息,通过合法性检查之后,将它转换适当的形式,赋予实时数据库中所连接的数据对象。输入框同时也可以作为数据输出的器件,显示所连接的数据对象的值。

5. 策略编程

在 MCGS 运行过程中,循环策略由系统按照设定的循环周期自动循环调用,循环体内所需执行的操作和任务由用户设置。一个系统中至少应该有一个循环策略。

脚本程序的编程语法类似于普通的 Basic 语言。“数据对象 = 表达式”即把“=”右边表达式的运算值赋给左边的数据对象。赋值号左边必须是能够读写的数据对象,如:开关型数据、数值型数据、字符型数据以及能进行写操作的内部数据对象。

二、任务实操

任务单——新建工程

公司名称			
部门			
项目描述	会下载、安装 MCGS 软件,新建 MCGS 工程		
软件安装步骤	1. 自行在官网上下载安装软件; 2. 安装 MCGS 组态软件; 3. 打开软件,在菜单“文件”中选择“新建工程”菜单项,如果 MCGS 安装在 D:根目录下,则会在 D:\MCGS\WORK\下自动生成新建工程,默认的工程名为新建工程 X. MCG(X 表示新建工程的顺序号,如:0,1,2 等)		
新建工程	绘制新建工程步骤图,并进行工程整体规划:		
KPI 指标	工时:2 学时		难度权重:0.6
团队成员	电气工程师:	OP 手:	质检员:
完成时间	年　月　日		

三、任务评价

实验评价表

序号	评价项目	自我评价	组员互评	教师评价	综合评价
1	学习准备				
2	问题填写				
3	实验操作规范性				
4	实验完成质量				
5	5S 管理				

续表

序号	评价项目	自我评价	组员互评	教师评价	综合评价
6	参与讨论主动性				
7	沟通协作				
8	展示汇报				

注:评价档次统一采用A(优秀)、B(良好)、C(合格)、D(努力)4个级别。

任务二　启动画面制作

一、知识储备

制作启动画面,在启动画面加载5 s后自动跳转到登录画面,如图1-7所示。

▲图1-7　启动画面

(一)新建工程

打开MCGS组态环境后,单击文件菜单新建工程(HMI型号自选)。

(二)网络组态

单击设备窗口添加设备进行网络组态。

（三）添加画面

在用户窗口添加5个画面，分别是操作员窗口、启动画面、登录画面、工程师窗口、管理员窗口，如图1-8。完成后单击“启动画面”，将其设置为启动窗口。

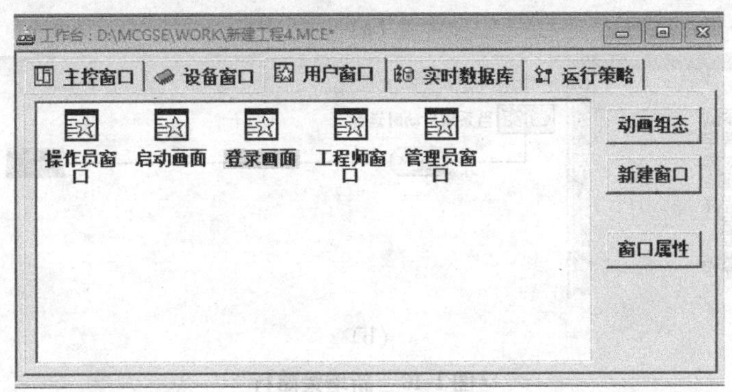

▲图1-8 用户窗口

（四）添加内部变量

在实时数据库中添加内部变量“启动延时”，变量数据类型为“数值型”，如图1-9所示。

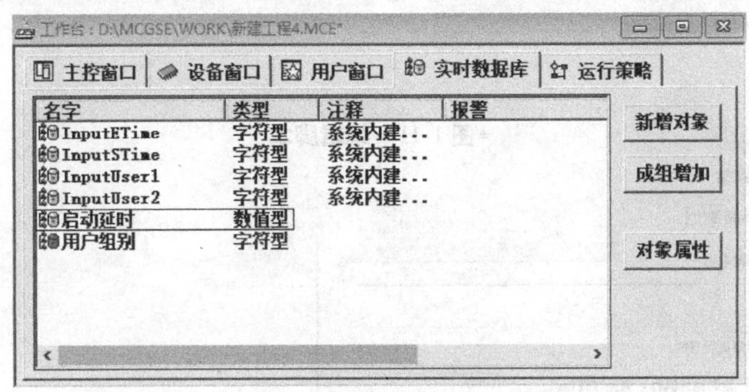

▲图1-9 实时数据库

（五）启动延时脚本编写

启动延时脚本有两种方式，即通过运行策略、通过启动画面编写脚本。

1. 通过运行策略编写

（1）进入运行策略窗口，双击启动策略，用鼠标右键单击选中“新增策略行”，如图1-10（a）所示；然后用鼠标左键单击右边方框，选中后双击左侧脚本程序，如图1-10（b）所示。

（2）用鼠标右键双击脚本程序，在脚本中添加“启动延时=5”脚本（在系统启动后，给启动延时变量赋值5），如图1-11所示。

（3）在运行策略窗口中新建循环策略，并将属性修改为“1秒循环”，如图1-12所示。

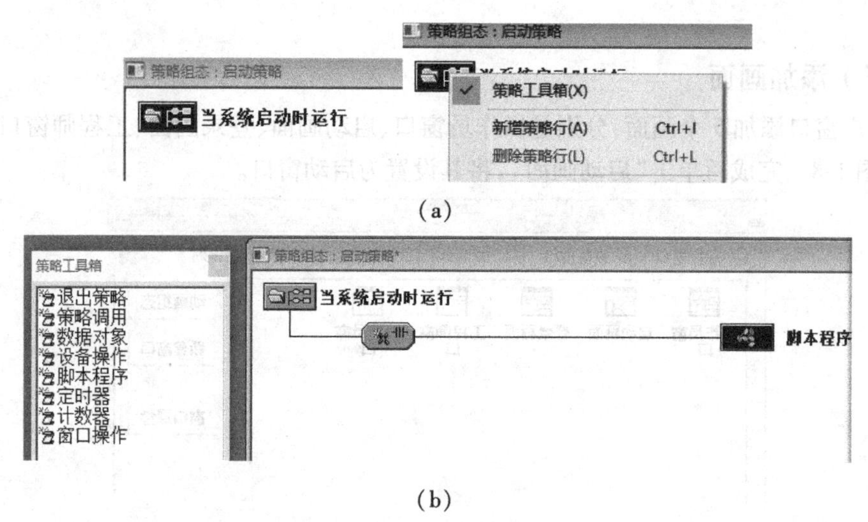

▲图 1-10　新增策略行

▲图 1-11　编辑脚本

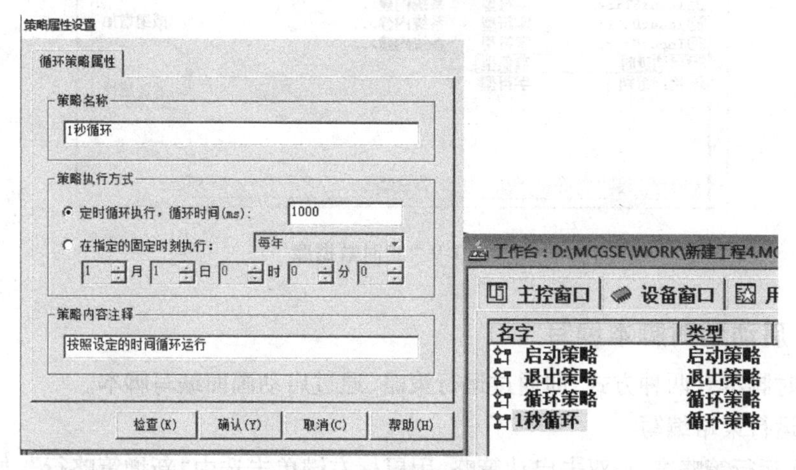

▲图 1-12　新建循环策略

(4)在“1 秒循环”策略中添加脚本，输入以下脚本：

“启动延时=启动延时-1

IF 启动延时=0 THEN

用户窗口.登录画面.Open( )

ENDIF”

本脚本的意思为：启动延时变量每秒减去自己一次，当启动延时变量为 0 时，打开登录画面窗口，如图 1-13 所示。

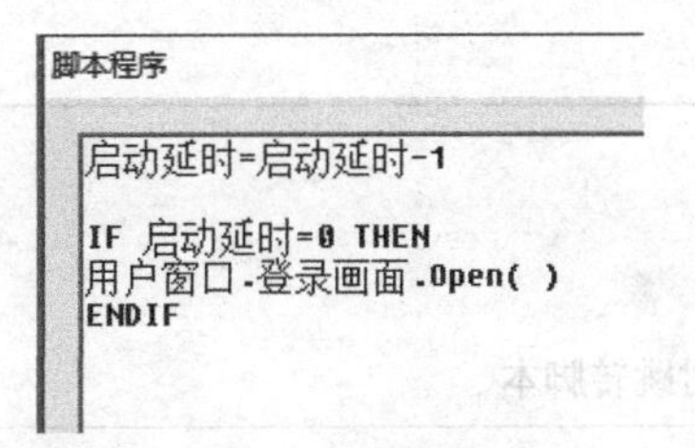

▲图 1-13　循环脚本

2. 通过启动画面编写脚本

进入启动画面,用鼠标左键单击画面空白处,用鼠标右键单击进入画面属性窗口,在启动脚本中给“启动延时变量赋值为 5”,在循环脚本中设置循环时间为 1 000 ms,并编写循环程序,如图 1-14 所示。

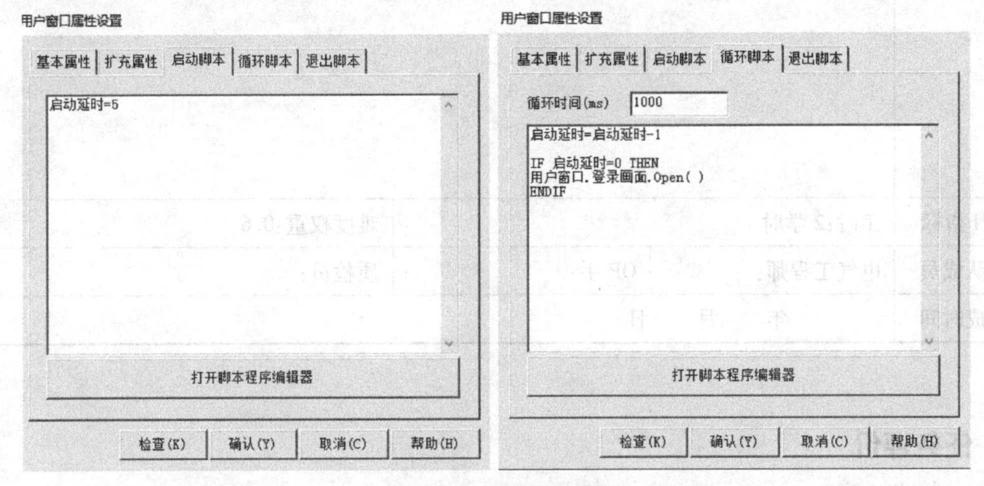

▲图 1-14　启动画面脚本

至此,完成启动画面制作,值得注意的是,启动画面延时有两种方法均能实现,在画面中编写脚本能降低对硬件资源的占用,优势明显。

二、任务实操

任务单——启动画面制作

公司名称	
部门	
项目描述	启动画面制作
编写控制流程	下面先对控制流程进行分析: 在启动 MCGS 后,出现启动画面,启动画面显示 5 s 后自动跳转到登录画面,等待用户登录系统
流程图	绘制控制流程图:

续表

制作画面，编写程序	具体操作如下： 1. 添加画面； 2. 添加内部变量； 3. 编写启动画面延时跳转脚本		
脚本程序	记录工程脚本程序：		
KPI 指标	工时:2 学时		难度权重:0.6
团队成员	电气工程师：	OP 手：	质检员：
完成时间	年 月 日		

三、任务评价

实验评价表

序号	评价项目	自我评价	组员互评	教师评价	综合评价
1	学习准备				
2	问题填写				
3	实验操作规范性				
4	实验完成质量				
5	5S 管理				
6	参与讨论主动性				
7	沟通协作				
8	展示汇报				

注：评价档次统一采用 A（优秀）、B（良好）、C（合格）、D（努力）4 个级别。

任务三　登录画面制作

▲登录画面的制作

一、知识储备

制作 MCGS 登录画面，通过判断登录用户的组别，打开不同窗口，如图 1-15 所示。

▲图 1-15　登录画面

（一）添加画面

在用户窗口添加 5 个画面，分别是操作员窗口、启动画面、登录画面、工程师窗口、管理员窗口，如图 1-16 所示。完成后用鼠标右键单击“启动画面”，将其设置为启动窗口。

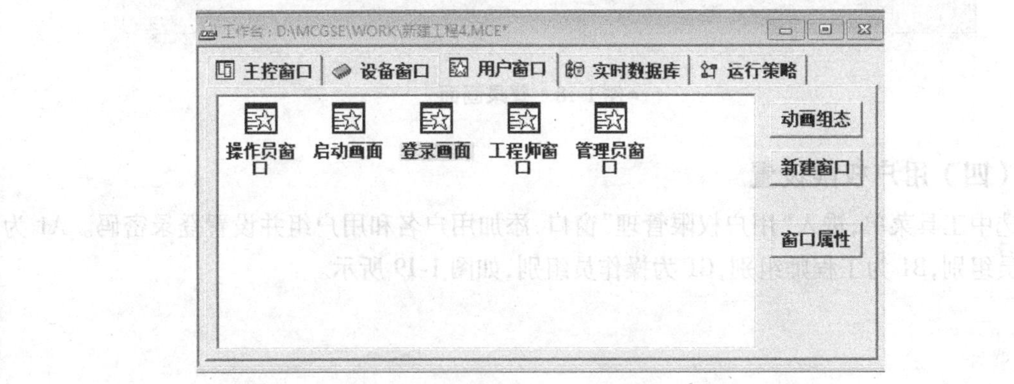

▲图 1-16　用户窗口

（二）添加内部变量

在实时数据库中添加内部变量“用户组别”，变量数据类型为“字符型”，如图1-17所示。

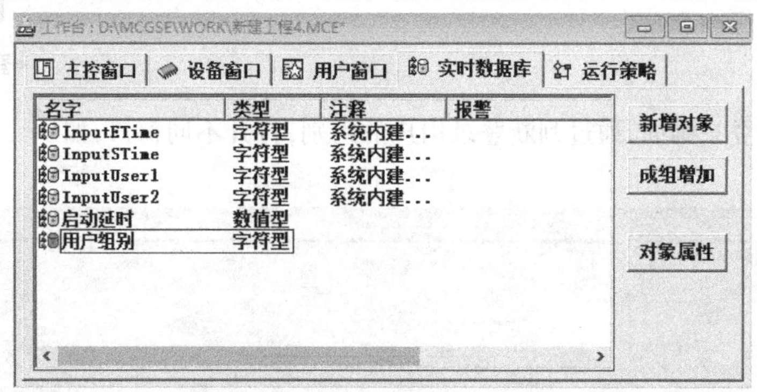

▲图1-17　实时数据库

（三）在登录画面中添加控件

在登录画面中添加“请登录系统”标识和“登录系统”按钮，如图1-18所示。

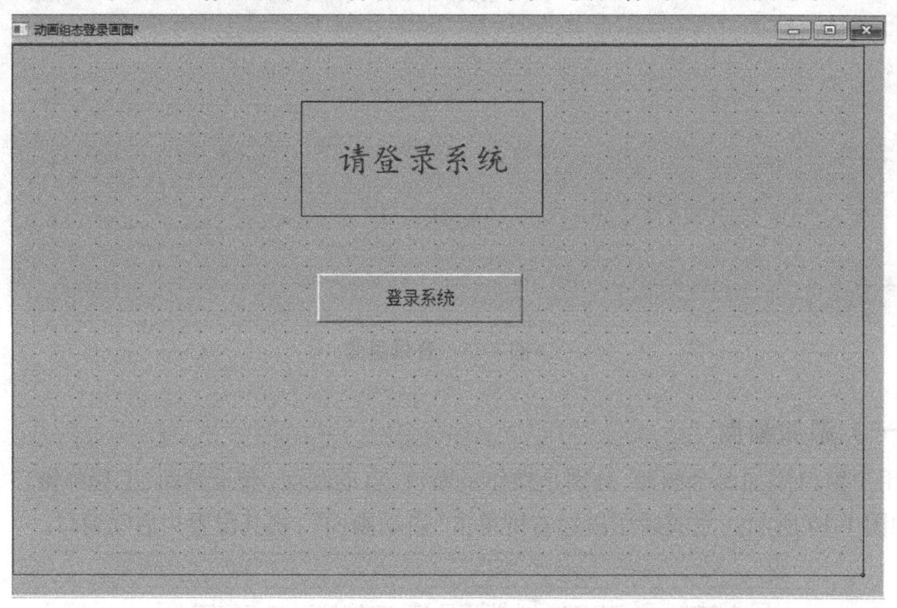

▲图1-18　登录画面

（四）用户权限设置

选中工具菜单，进入“用户权限管理”窗口，添加用户名和用户组并设置登录密码。A1为管理员组别，B1为工程师组别，C1为操作员组别，如图1-19所示。

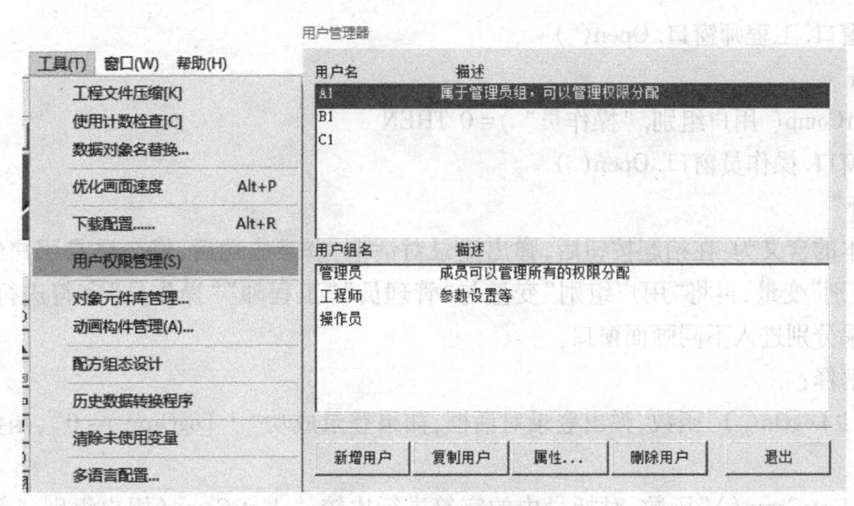

▲图 1-19 用户权限设置

（五）登录脚本编写

在登录画面中双击“登录系统”按钮，在属性设置窗口中，进入脚本程序编写窗口，编写以下脚本（图 1-20）：

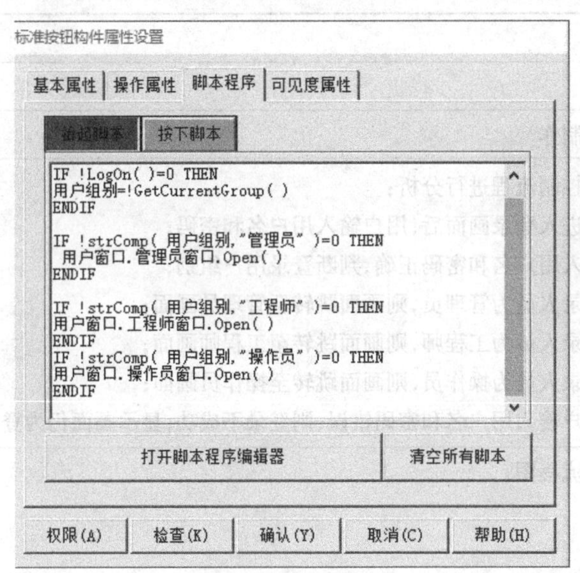

▲图 1-20 登录脚本

“IF ! LogOn( ) = 0 THEN

用户组别 = ! GetCurrentGroup( )

ENDIF

IF ! strComp(用户组别, "管理员") = 0 THEN

用户窗口. 管理员窗口. Open( )

ENDIF

IF ! strComp(用户组别, "工程师") = 0 THEN

```
用户窗口.工程师窗口.Open( )
ENDIF
IF ! strComp( 用户组别,"操作员" )= 0 THEN
用户窗口.操作员窗口.Open( )
ENDIF"
```

本脚本的含义为:在抬起按钮后,弹出登录对话框,登录成功后,将已登录用户组别赋值给“用户组别”变量;再将“用户组别”变量与“管理员”“工程师”“操作员”字符进行比较,根据比较结果分别进入不同画面窗口。

函数解释:

(1)“ ! LogOn( )”函数,弹出登录对话框,如果登录成功“ ! LogOn( )= 0”,函数返回值为0;

(2)“ ! strComp( )”函数,对括号内的字符进行比较,“ ! strComp(用户组别,"管理员")= 0”是指将“用户组别”变量与“管理员”字符进行比较,如果一致,返回值为0。

二、任务实操

任务单——登录画面制作

公司名称	
部门	
项目描述	登录画面制作
编写控制流程	下面先对控制流程进行分析: 1. 系统在进入登录画面后,用户输入用户名和密码; 2. 如果输入用户名和密码正确,判断登录用户组别; 3. 如果登录人员为管理员,则画面跳转至管理员画面; 4. 如果登录人员为工程师,则画面跳转至工程师画面; 5. 如果登录人员为操作员,则画面跳转至操作员画面; 6. 如果用户输入用户名和密码错误,则登录不成功,显示画面仍为登录画面
流程图	绘制控制流程图:

续表

<table>
<tr><td>制作画面，编写程序</td><td colspan="3">具体操作如下：
1. 添加用户画面，并在不同画面做标识；
2. 添加内部变量；
3. 编写启动画面延时跳转脚本</td></tr>
<tr><td>脚本程序</td><td colspan="3">记录工程脚本程序：</td></tr>
<tr><td>KPI 指标</td><td colspan="2">工时：4 学时</td><td>难度权重：0.6</td></tr>
<tr><td>团队成员</td><td>电气工程师：</td><td>OP 手：</td><td>质检员：</td></tr>
<tr><td>完成时间</td><td colspan="3">年　月　日</td></tr>
</table>

三、任务评价

实验评价表

序号	评价项目	自我评价	组员互评	教师评价	综合评价
1	学习准备				
2	问题填写				
3	实验操作规范性				
4	实验完成质量				
5	5S 管理				
6	参与讨论主动性				
7	沟通协作				
8	展示汇报				

注：评价档次统一采用 A（优秀）、B（良好）、C（合格）、D（努力）4 个级别。

任务四　下拉框的使用

一、知识储备

(1)用下拉框控制灯1、灯2、灯3、灯4的启动,如:在下拉框选择灯1,则灯1亮,如图1-21所示。

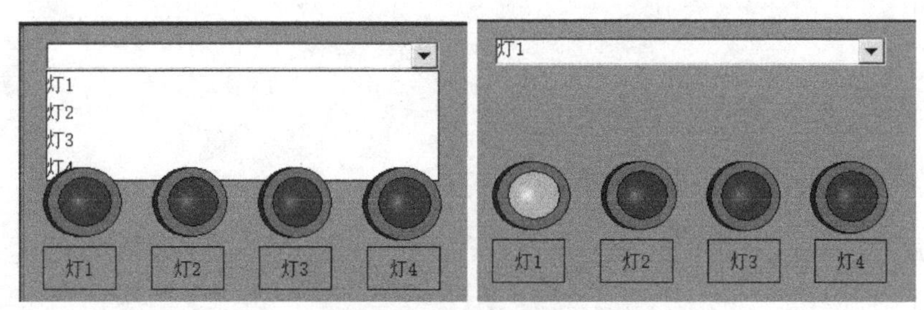

▲图1-21　下拉框控制灯

(2)用下拉框跳转画面,如图1-22所示。

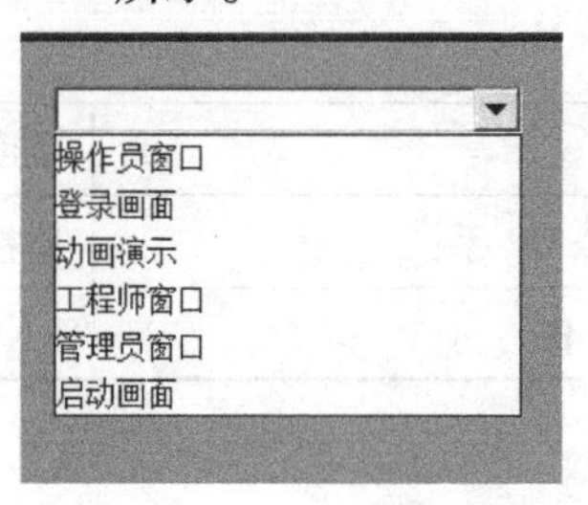

▲图1-22　下拉框跳转画面

(3)添加内部变量。

在实时数据库中添加开关型内部变量“灯1”“灯2”“灯3”“灯4”4个变量;添加字符型内部变量“下拉框”,如图1-23所示。

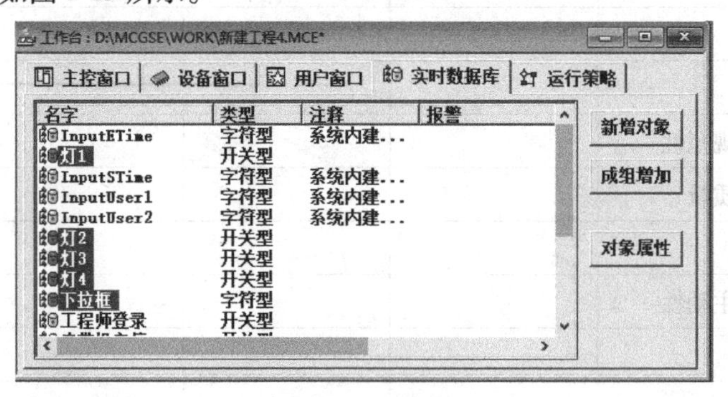

▲图1-23　实时数据库

(4)下拉组合框画面制作。

①下拉框。在工具框中选择“组合框”控件,在画面中添加(注意要留够下拉框打开时候显示空间,如图1-24所示),用鼠标左键双击下拉框,在基本属性中关联字符型变量“下拉框”,选项设置中输入“灯1、灯2、灯3、灯4”(用于显示在下拉框打开后的列表,实际选择后下

拉框会将选择的字符存储在关联的字符型变量中），下拉框设置完成。

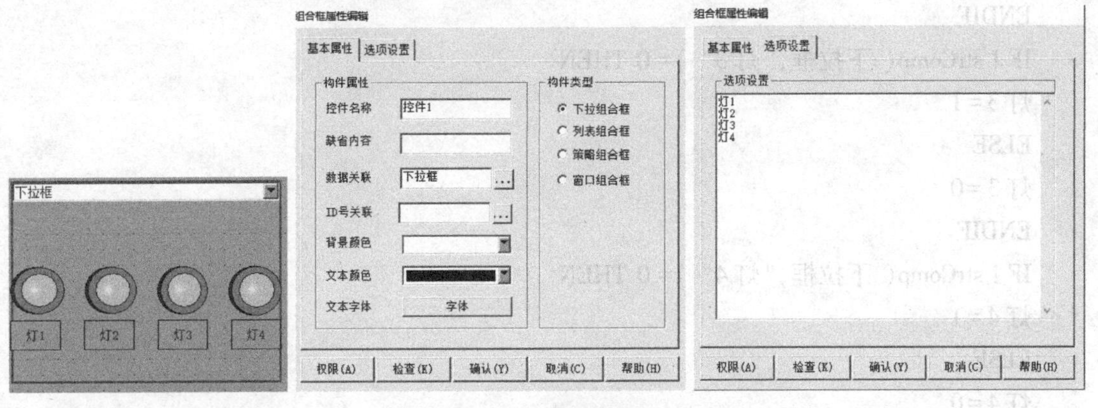

▲图 1-24　**下拉框设置**

②指示灯。进入工具框，选择插入控件，选择对应指示灯插入，分别在指示灯空间“数据对象—可见度”中关联“灯 1、灯 2、灯 3、灯 4”变量。

(5)脚本编写。

①将鼠标放至窗口空白处，右键单击进入画面属性菜单，然后选择循环脚本，设置循环脚本循环时间为 100 ms，如图 1-25 所示。

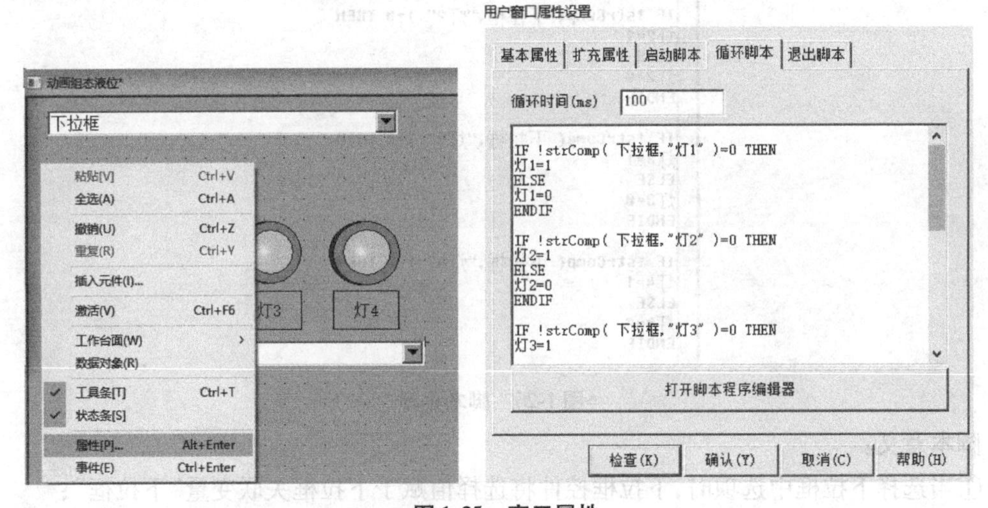

▲图 1-25　**窗口属性**

②打开脚本编辑器输入以下脚本（图 1-26）：

“IF ! strComp(下拉框, " 灯 1") = 0 THEN

灯 1 = 1

ELSE

灯 1 = 0

ENDIF

IF ! strComp(下拉框, " 灯 2") = 0 THEN

灯 2 = 1

ELSE

灯 2=0

ENDIF

IF ! strComp(下拉框," 灯 3")= 0 THEN

灯 3=1

ELSE

灯 3=0

ENDIF

IF ! strComp(下拉框," 灯 4")= 0 THEN

灯 4=1

ELSE

灯 4=0

ENDIF”

```
脚本程序

IF !strComp( 下拉框,"灯1" )=0 THEN
灯1=1
ELSE
灯1=0
ENDIF

IF !strComp( 下拉框,"灯2" )=0 THEN
灯2=1
ELSE
灯2=0
ENDIF

IF !strComp( 下拉框,"灯3" )=0 THEN
灯3=1
ELSE
灯3=0
ENDIF

IF !strComp( 下拉框,"灯4" )=0 THEN
灯4=1
ELSE
灯4=0
ENDIF
```

▲图 1-26 脚本程序

脚本意义：

①当选择下拉框中选项时，下拉框控件将选择值赋予下拉框关联变量“下拉框”；

②当选择“灯 1”选项时（“灯 1”字符赋值为“下拉框”），将“下拉框”变量分别与“灯 1”“灯 2”“灯 3”“灯 4”字符比较，如果选择的是“灯 1”，则“灯 1”变量为“1”，否则为“0”（其他选择逻辑类似）。

（6）用下拉框的窗口组合框进行画面跳转。

①在窗口中新建空间下拉框，左键双击进入基本属性设置，设置构建类型为窗口组合框，如图 1-27 所示；

②在下拉框的选项设置中将可跳转窗口添加到已选项目中，然后单击“确认”，设置完成，如图 1-28 所示。

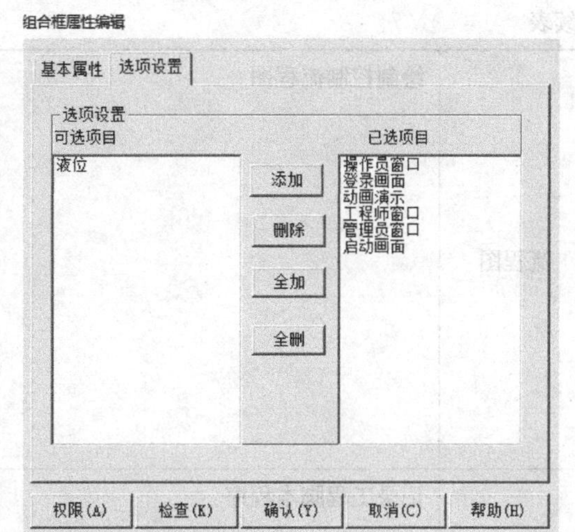

▲图 1-27　组合框设置

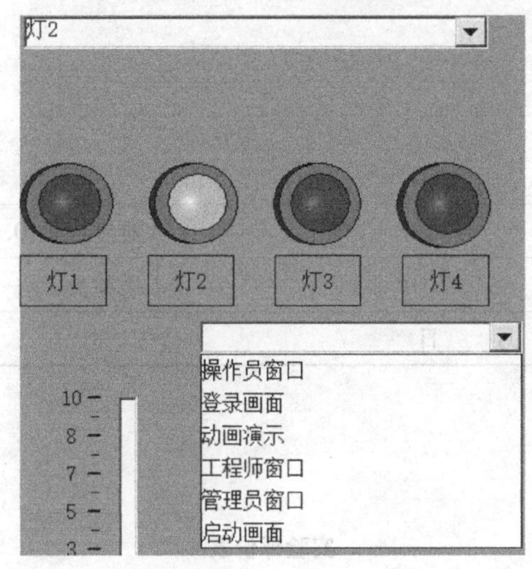

▲图 1-28　窗口选择

二、任务实操

任务单——下拉框的使用

公司名称	
部门	
项目描述	下拉框的使用
梳理控制流程	下面先对控制流程进行分析： 1. 建立变量； 2. 新建下拉框，并关联变量； 3. 编写控制脚本

续表

流程图	绘制控制流程图：		
脚本程序	记录工程脚本程序：		
KPI 指标	工时:2 学时		难度权重:0.6
团队成员	电气工程师：	OP 手：	质检员：
完成时间	年　月　日		

三、任务评价

实验评价表

序号	评价项目	自我评价	组员互评	教师评价	综合评价
1	学习准备				
2	问题填写				
3	实验操作规范性				
4	实验完成质量				
5	5S 管理				
6	参与讨论主动性				
7	沟通协作				
8	展示汇报				

注:评价档次统一采用 A(优秀)、B(良好)、C(合格)、D(努力)4 个级别。

▲子窗口的弹出

任务五　子窗口弹出

一、知识储备

制作子窗口弹出画面，通过单击泵站，弹出子窗口显示泵站相关参数并允许修改，如图1-29所示。

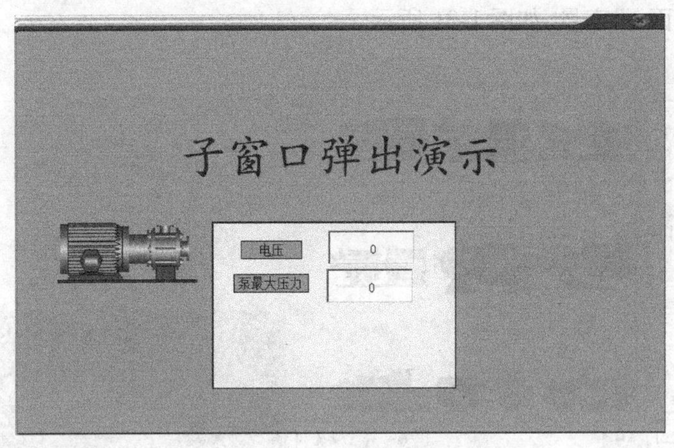

▲图1-29　子窗口弹出画面

（一）新建工程

打开MCGS组态环境后，单击文件菜单新建工程（HMI型号自选）。

（二）网络组态

单击设备窗口添加设备进行网络组态。

（三）添加画面

用户窗口添加两个画面，分别是窗口0、窗口1，如图1-30所示。完成后用鼠标右键单击窗口0，将其设置为启动窗口。

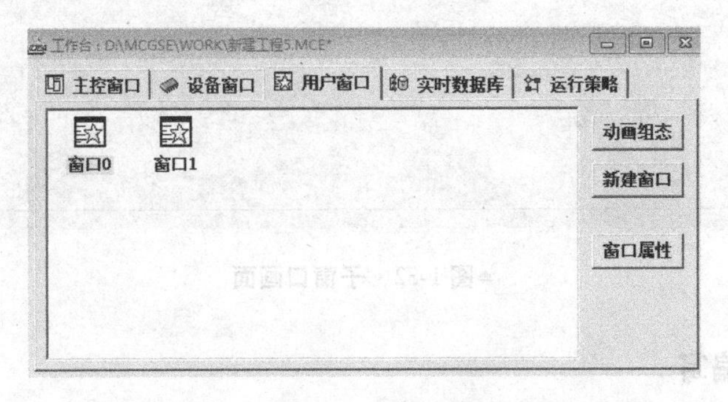

▲图1-30　用户窗口

（四）添加内部变量

在实时数据库中添加内部变量“弹出子画面 1”，变量数据类型为“开关型”；再分别添加内部变量“电压”“泵最大压力”，数据类型为“数值型”。

（五）画面制作

（1）在窗口 0 中添加“子窗口弹出演示”标识，通过“插入元件”插入“泵站”，泵站按钮输入关联“弹出子画面 1”变量，如图 1-31 所示。

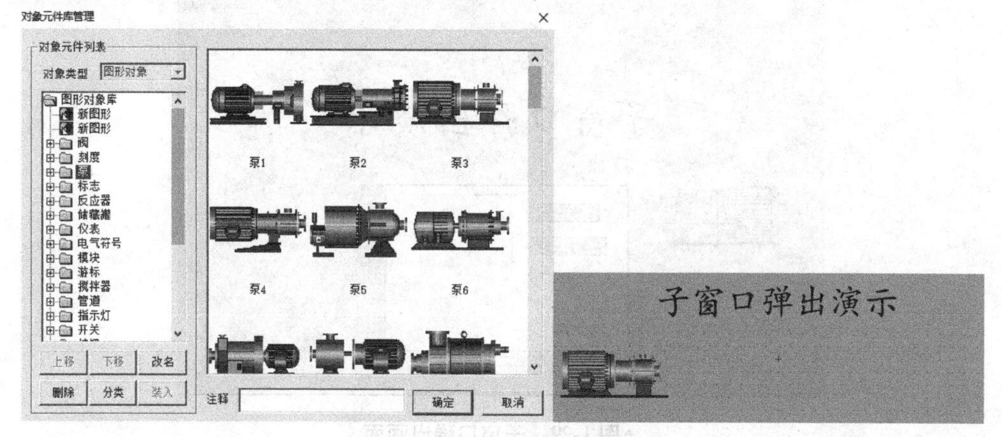

▲图 1-31 子窗口弹出

（2）在窗口 1 中添加“电压”“泵最大压力”标识，分别插入输入框关联变量“电压”和“泵最大压力”（图 1-32），并将底部设置为宽 300 mm、高 200 mm 的黄色方形（黄色区域即弹出子窗口显示区域）。

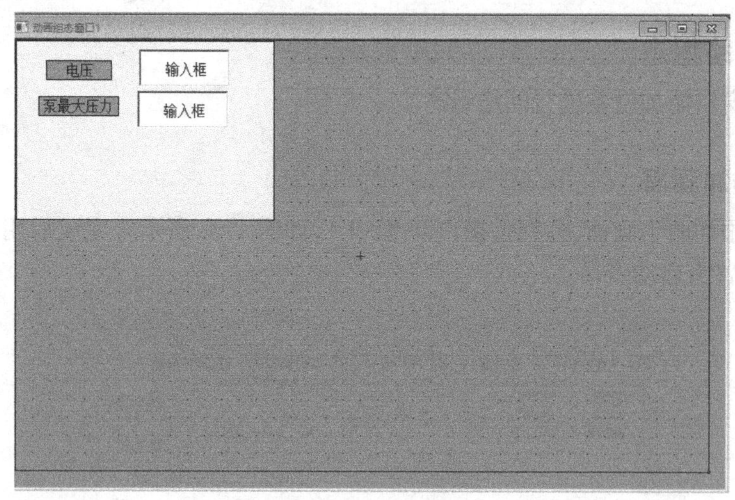

▲图 1-32 子窗口画面

（六）脚本编写

设置“窗口 0—属性—循环脚本”，循环时间为 100 ms，进入脚本程序编写窗口，编写以下脚本(图1-33)。

“IF 弹出子画面 1=1 THEN

! OpenSubWnd(窗口 1,240,228,300,200,18)

ENDIF”

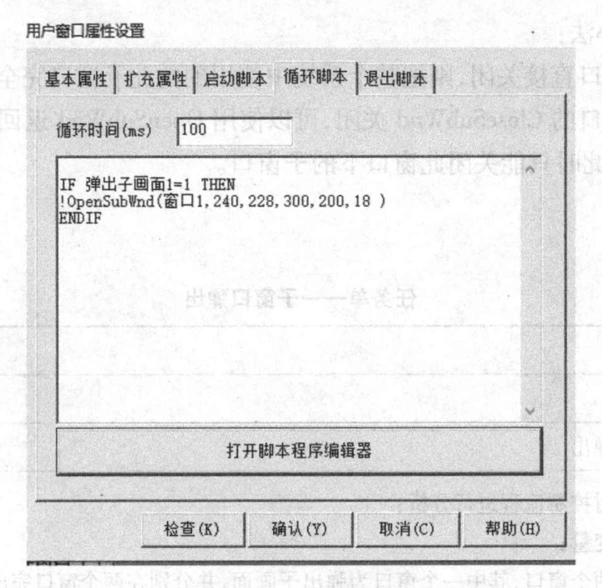

▲图 1-33 子画面策略

脚本含义:在单击泵站后,“弹出子画面 1”变量变为 1,此时调用! OpenSubWnd( )函数打开子窗口 1。

函数解释:

! OpenSubWnd(参数 1,参数 2,参数 3,参数 4,参数 5,参数 6)

函数意义:显示子窗口。

返回值:字符型,如成功就返回子窗口 n,n 表示打开的第 n 个子窗口。

参数值:

- 参数 1:要打开的子窗口名;
- 参数 2:整型,打开子窗口相对于本窗口的 X 坐标;
- 参数 3:整型,打开子窗口相对于本窗口的 Y 坐标;
- 参数 4:整型,打开子窗口的宽度;
- 参数 5:整型,打开子窗口的高度;
- 参数 6:整型,打开子窗口的类型。

●0 位:是否模式打开,使用此功能,必须在此窗口中使用 CloseSubWnd 来关闭本子窗口,子窗口外其他的构件对鼠标操作不响应。

- 1 位:是否菜单模式,使用此功能,一旦在子窗口之外单击,则子窗口关闭;
- 2 位:是否显示水平滚动条,使用此功能,可以显示水平滚动条;
- 3 位:是否垂直显示滚动条,使用此功能,可以显示垂直滚动条;
- 4 位:是否显示边框,选择此功能,在子窗口周围显示细黑线边框;
- 5 位:是否自动跟踪显示子窗口,选择此功能,在当前鼠标位置上显示子窗口,此功能用于用鼠标打开的子窗口，选用此功能则忽略 iLeft 和 iTop 的值，如果此时鼠标位于窗口之外，则在窗口中显示子窗口；

• 6 位：是否自动调整子窗口的宽度和高度为缺省值，使用此功能则忽略 iWidth 和 iHeight 的值。

子窗口的关闭办法：

(1)使用关闭窗口直接关闭，则把整个系统中使用到的此子窗口完全关闭。

(2)使用指定窗口的 CloseSubWnd 关闭，可以使用 OpenSubWnd 返回的控件名，也可以直接指定子窗口关闭，此时只能关闭此窗口下的子窗口。

二、任务实操

任务单——子窗口弹出

<table>
<tr><td>公司名称</td><td colspan="3"></td></tr>
<tr><td>部门</td><td colspan="3"></td></tr>
<tr><td>项目描述</td><td colspan="3">子窗口弹出</td></tr>
<tr><td>梳理控制流程</td><td colspan="3">下面先对控制流程进行分析：
1. 建立变量；
2. 新建两个窗口，其中一个窗口为弹出子画面，并分别在两个窗口完成要求的设置；
3. 在主窗口中编写弹出子画面脚本</td></tr>
<tr><td>流程图</td><td colspan="3">绘制控制流程图：</td></tr>
<tr><td>脚本程序</td><td colspan="3">记录工程脚本程序：</td></tr>
<tr><td>KPI 指标</td><td colspan="2">工时：2 学时</td><td>难度权重：0.6</td></tr>
<tr><td>团队成员</td><td>电气工程师：</td><td>OP 手：</td><td>质检员：</td></tr>
<tr><td>完成时间</td><td colspan="3">年　月　日</td></tr>
</table>

三、任务评价

实验评价表

序号	评价项目	自我评价	组员互评	教师评价	综合评价
1	学习准备				
2	问题填写				
3	实验操作规范性				
4	实验完成质量				
5	5S 管理				
6	参与讨论主动性				
7	沟通协作				
8	展示汇报				

注:评价档次统一采用 A(优秀)、B(良好)、C(合格)、D(努力)4 个级别。

任务六　曲线制作

一、知识储备

在实际工程控制系统中,对实时数据、历史数据的查看、分析监控是十分有必要的。本次任务主要是制作实时曲线和历史曲线(图 1-34),监控数据。

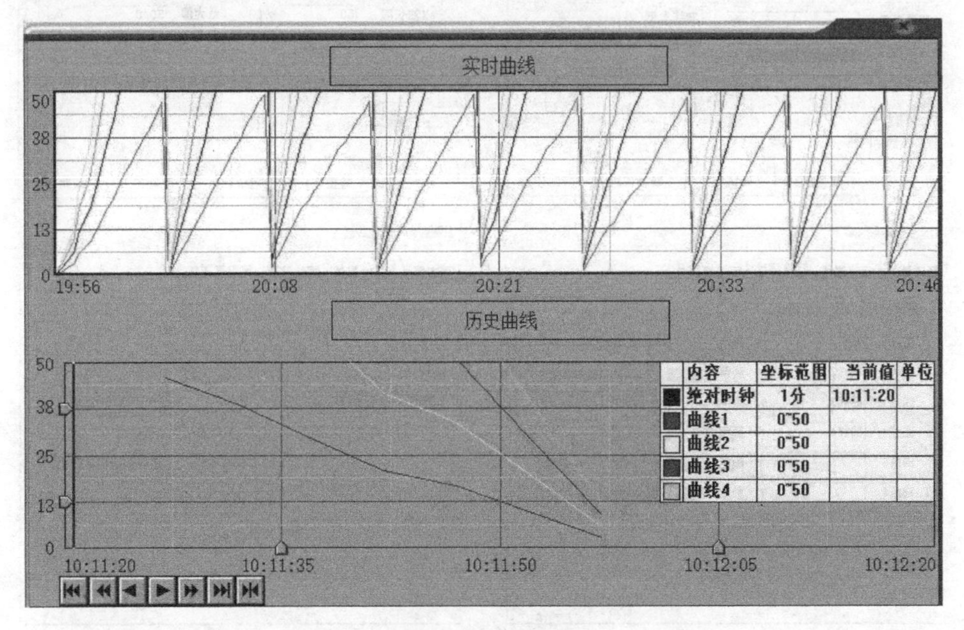

▲图 1-34　曲线画面

（一）实时曲线和历史曲线的意义

在 MCGS 中，实时曲线的制作是通过调用实时曲线控件来完成的，实时曲线控件可以实时记录数据对象值的变化情况。

在 MCGS 中，可以通过历史曲线控件实现历史数据的曲线浏览功能，运行时历史曲线控件能够根据需要画出相应历史数据的趋势效果图，历史曲线主要用于事后查看数据和状态变化趋势。

（二）新建画面和变量

在 MCGS 组态软件中单击“用户窗口”，在“用户窗口”中单击“新建窗口”按钮产生一个新窗口，并重命名为“曲线”窗口。

新建液位 1、液位 2、液位 3 和变量。

（三）制作实时曲线

在“用户窗口”中打开“曲线”窗口，在“工具箱”中单击“实时曲线”图标，拖动实时曲线控件到适当位置，双击该控件，弹出“实时曲线控件属性设置”窗口（图 1-35）。

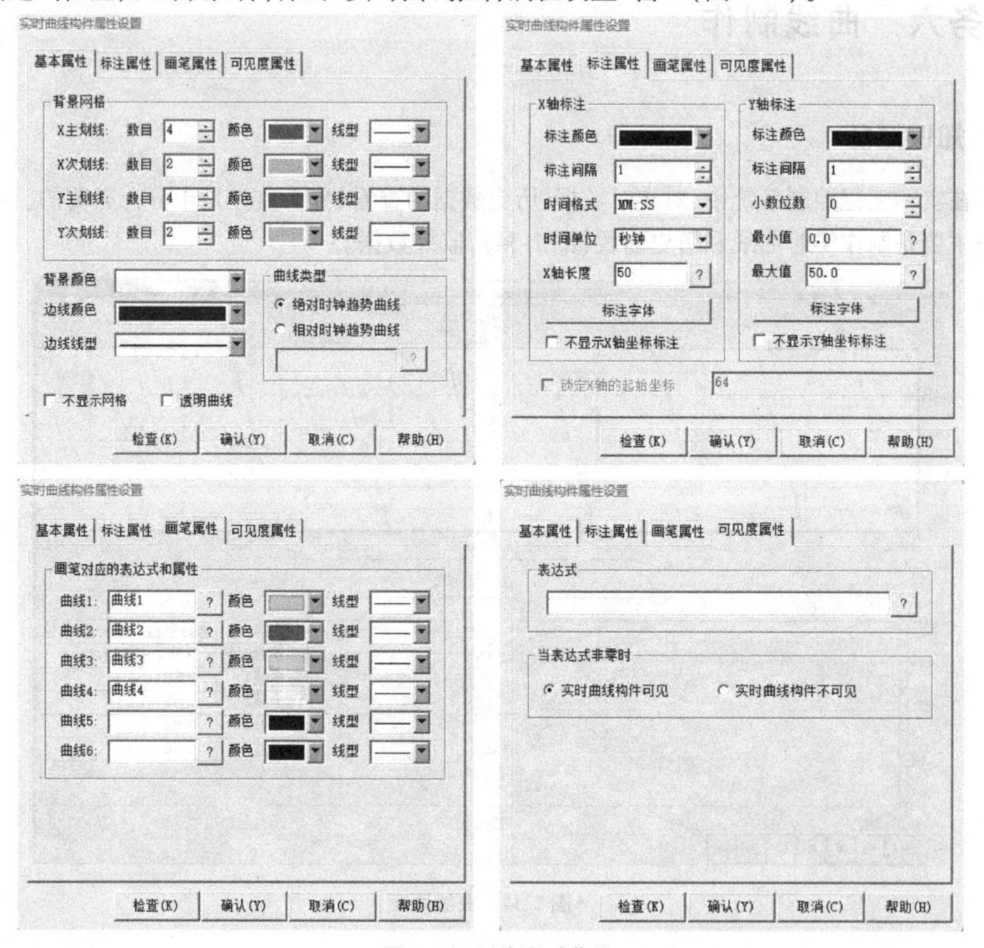

▲图 1-35 制作实时曲线

在实时曲线控件属性中关联相应变量，在完成设置后单击“确认”即可。

（四）制作历史曲线

在“曲线”画面中打开“工具箱”，拖动工具箱中“历史曲线”图标，拖放到适当位置放到历史曲线的下面并调整大小。双击历史曲线弹出“历史曲线控件属性设置”窗口，在“历史曲线控件属性设置”中，“液位 1”曲线颜色为“绿色”；“液位 2”曲线颜色为“红色”。

历史曲线控件属性设置（图 1-36）完成后单击“确认”，在进入仿真运行环境后单击“曲线”菜单，即可看到历史曲线的效果图，如图 1-37 所示。

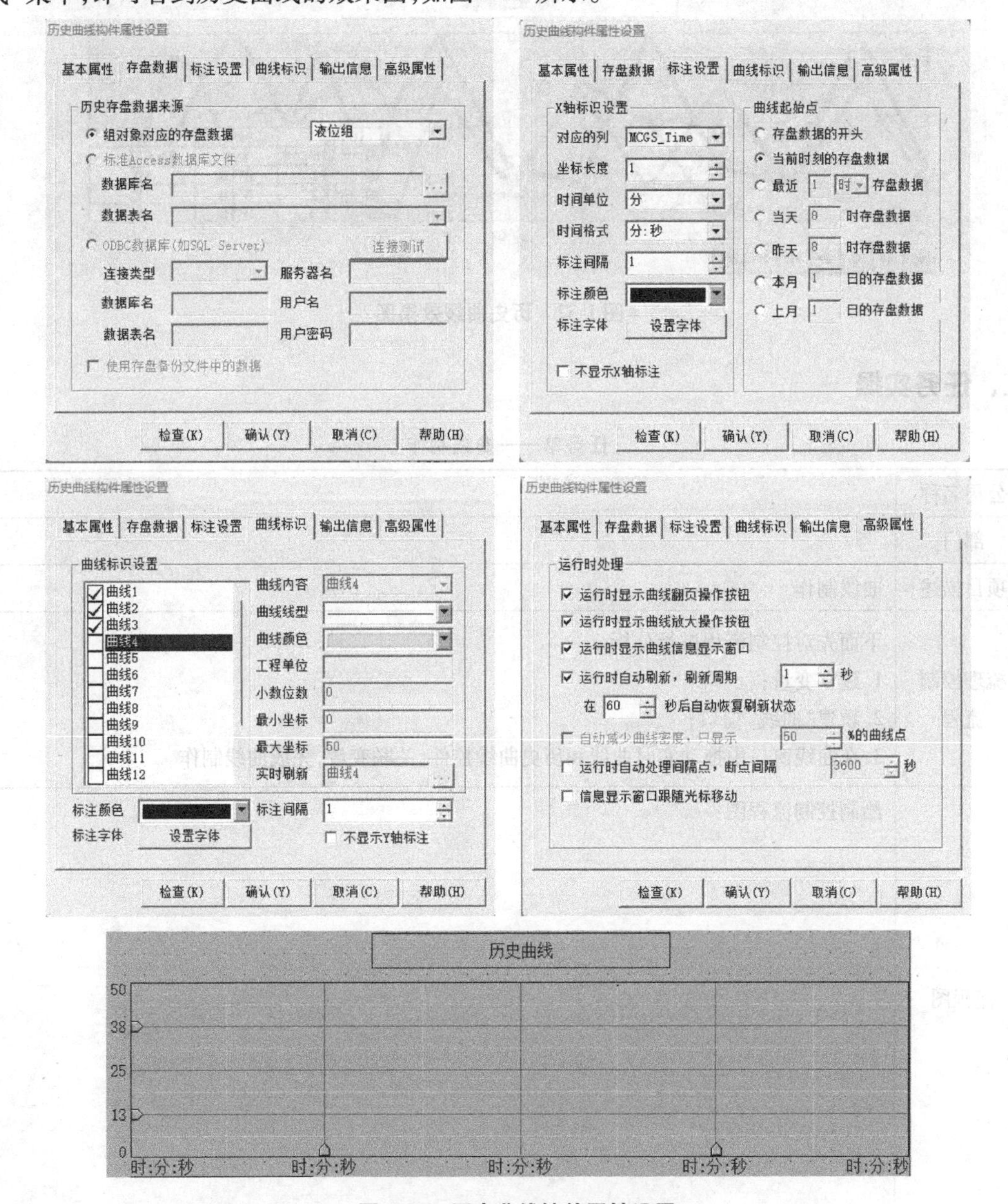

▲图 1-36　历史曲线控件属性设置

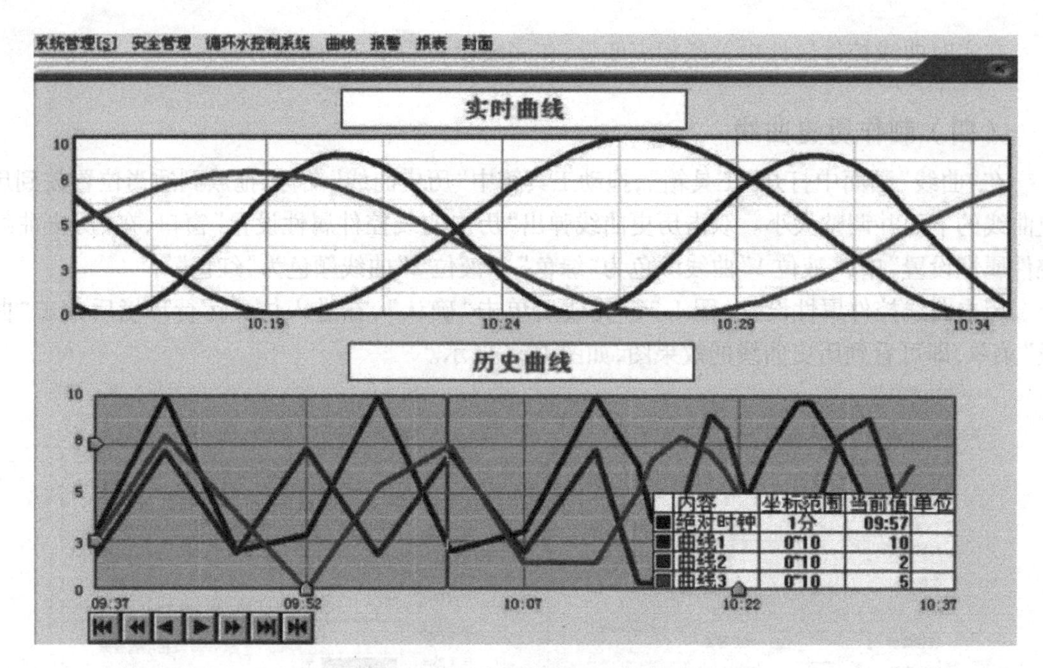

▲图 1-37 历史曲线效果图

二、任务实操

任务单——曲线制作

<table>
<tr><td>公司名称</td><td></td></tr>
<tr><td>部门</td><td></td></tr>
<tr><td>项目描述</td><td>曲线制作</td></tr>
<tr><td>梳理控制流程</td><td>下面先对控制流程进行分析：
1. 建立变量；
2. 新建“曲线”窗口；
3. 在曲线窗口中拖动实时曲线和历史曲线控件,关联变量,完成曲线制作</td></tr>
<tr><td>流程图</td><td>绘制控制流程图：</td></tr>
</table>

续表

思考问题	具体操作如下： 1. MCGS 嵌入版组态软件工具箱中有哪几种制作曲线的工具； 2. 实时曲线与历史曲线控件有什么区别		
思考	回答思考问题：		
KPI 指标	工时:2 学时		难度权重:0.6
团队成员	电气工程师：	OP 手：	质检员：
完成时间	年　月　日		

三、任务评价

实验评价表

序号	评价项目	自我评价	组员互评	教师评价	综合评价
1	学习准备				
2	问题填写				
3	实验操作规范性				
4	实验完成质量				
5	5S 管理				
6	参与讨论主动性				
7	沟通协作				
8	展示汇报				

注：评价档次统一采用 A(优秀)、B(良好)、C(合格)、D(努力)4 个级别。

项目二

智能供水系统

【项目目标】

1. 会根据实际工程制造 HMI 画面；
2. 会编写脚本程序；
3. 能完成报警处理；
4. 能设置系统安全机制。

【项目任务】

<table>
<tr><td colspan="4" rowspan="2">OIS(作业指导书)与 WES(操作要素)</td><td>班组</td><td></td></tr>
<tr><td>作业内容</td><td>智能供水系统</td></tr>
<tr><td colspan="2">关键点标识</td><td colspan="4">安全　人机工程　关键操作　质量控制　防错</td></tr>
<tr><td>No.</td><td>操作顺序</td><td>品质特性及基准</td><td>操作要点</td><td>关键点</td><td>工具设备</td></tr>
<tr><td>※</td><td>设备点检</td><td>设备点检基准书</td><td>目视、触摸、操作</td><td>安全</td><td>电动机、变频器</td></tr>
<tr><td>1</td><td>HMI 动画制作</td><td></td><td>目测、操作</td><td>质量控制</td><td></td></tr>
<tr><td>2</td><td>脚本程序编写</td><td></td><td>目测、操作</td><td>质量控制</td><td></td></tr>
<tr><td>3</td><td>报警处理</td><td></td><td></td><td></td><td></td></tr>
<tr><td>4</td><td>安全机制</td><td></td><td></td><td></td><td></td></tr>
<tr><td colspan="2">质量标准</td><td colspan="4">系统组成：水泵、水罐 1(10 m)、调节阀、水罐 2 (5 m) 、出水阀。水罐 1、水罐 2 的液位由模拟数据产生。
(1)当“水罐 1”的液位达到 9 m 时，就要把“水泵”关闭，否则自动启动“水泵”；
(2)当“水罐 2”的液位不足 1 m 时，就要自动关闭“出水阀”，可手动开启“出水阀”；
(3)当水罐 1 液位达到 1 m，水罐 2 液位低于 4 m 时，打开调节阀，否则关闭调节阀；
(4)水罐 1、水罐 2 水位可通过滑动输入器控制，可通过旋转仪表显示；
(5)水罐 1 报警值为：下限 2、上限 9，产生报警时亮灯提示；
(6)水罐 2 报警值为：下限 1.5、上限 4，产生报警时亮灯提示；
(7)水罐 1、水罐 2 的上下限值都可通过输入框修改；
(8)可查看水罐 1、水罐 2 液位的自由表格数据和历史存盘数据；</td></tr>
</table>

续表

质量标准	(9)可查看水罐1水罐2液位的实时曲线、历史曲线; (10)负责人隶属于管理员组;工程师隶属于操作员组。操作员不能操作水罐水量控制滑动块。运行过程中,可切换用户,并显示当前登录用户。 拓展: 当传感器检测到接水车进入,自动打开登录界面。密码正确后开门放车进入。车移动到出水口后,自动打开出水阀。按下停止出水按钮,关闭出水阀。车离开后,自动关门
突发质量问题处理流程	OP手 > 报告监督员 > 报告工程师 > 报告质检科 > 报告经理 > 报告厂长
保护用具	围裙　工作服　安全帽　劳保鞋　线手套　防切割手套 防护袖套　防护眼镜　防护面罩　耳塞　防尘口罩
5S现场	整理、整顿、清扫、清洁、素养
思考问题	

任务一　动画制作

一、知识储备

(一)创建图形对象

定义了用户窗口并完成属性设置后,就在用户窗口内使用系统提供的绘图工具箱,创建图形对象,制作图形界面。

在用户窗口创建图形对象的过程,就是从工具箱中选取所需的图形对象,并绘制新的图形对象的过程。

除此之外,还可以采取复制、剪贴、从元件库中读取图形对象等方法加快图形对象的创建。

1. 工具箱

在工作台的用户窗口页中,用鼠标双击指定的用户窗口图标,或者选中用户窗口图标,单击“动画组态”按钮,一个空白的用户窗口就打开了,在空白的用户窗口上放置图形对象,生成需要的图形界面。

在用户窗口中创建图形对象之前,需要从工具箱中选取需要的图形构件,进行图形对象的创建工作。MCGS提供了两个工具箱:放置图元和动画构件的绘图工具箱、常用图符工具箱。从这两个工具箱中选取所需的构件或图符，在用户窗口内进行组合，就构成用户窗口的各种图形界面。

用鼠标单击工具条中的“工具箱”按钮，打开放置图元和动画构件的绘图工具箱，如图 2-1 所示。其中第 2—9 个图标对应于 8 个常用的图元对象，后面的 29 个图标对应于系统提供的 16 个动画构件。

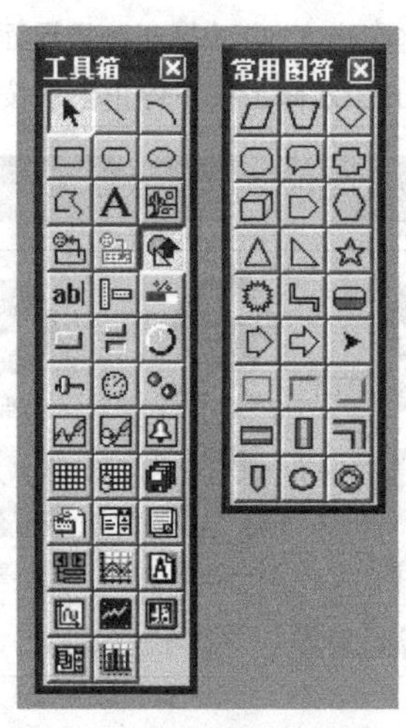

▲图 2-1 工具箱

在工具箱中选中所需要的图元、图符或者动画构件，利用鼠标在用户窗口中拖拽出一定大小的图形，就创建了一个图形对象。

用系统提供的图元和图符，画出新的图形，执行“排列”菜单中的“构成图符”命令，构成新的图符，可以将新的图形组合为一个整体。如果要修改新建的图符或者取消新图符的组合，执行“排列”菜单中的“分解图符”命令，可以把新建的图符分解成原来的图元和图符。

2. 绘制图形对象

在用户窗口中绘制一个图形对象，实际上是将工具箱内的图符或构件放至用户窗口，组成新的图形。操作方法是：

打开工具箱，用鼠标单击工具箱内对应的图标，选中所要绘制的图元、图符或动画构件。把鼠标移到用户窗口内，此时鼠标的光标变为“十”字形，按住鼠标左键不放，在窗口内拖动鼠标到适当的位置，松开鼠标左键，则就在该位置建立了所需的图形，绘制图形对象完成，此时鼠标光标恢复为箭头形状。

当绘制折线或者多边形时，在工具箱中选中折线图元按钮，将鼠标移到用户窗口编辑区，先将十字光标放在折线的起始点位置，单击鼠标，再移动到第二点位置，单击鼠标，如此进行直到最后一点位置时，双击鼠标，完成折线的绘制。如果最后一点和起始点的位置相同，则折线闭合成多边形。多边形是一封闭的图形，其内部可以填充颜色。

3. 复制图形对象

复制对象是将用户窗口内已有的图形对象复制到指定的位置，原图形仍保留，这样可以加快图形的绘制速度，操作步骤如下：

鼠标单击用户窗口内要复制的图形对象，选中(或激活)后，执行“编辑”菜单中“拷贝”命令，或者按快捷键“Ctrl+C”，然后执行“编辑”菜单中“粘贴”命令，或者按快捷键“Ctrl+V”，则复制出一个新的图形,连续“粘贴”,可复制出多个图形。也可以采用拖拽法复制图形。先激活要复制的图形对象,按下“Ctrl”键不放,鼠标指针指向要复制的图形对象,按住左键移动鼠标,到指定的位置抬起左键,即可完成图形的复制工作。

图形复制完毕,用鼠标拖动到用户窗口中所需的位置。

4. 剪贴图形对象

剪贴对象是将用户窗口中选中的图形对象剪下,放到指定位置,具体操作如下:

- 选中需要剪贴的图形对象,执行“编辑”菜单中的“剪切”命令;
- 执行“编辑”菜单中的“粘贴”命令,弹出所选图形,移动鼠标,将它放到新的位置。

注意:无论是复制还是粘贴,都是通过系统内部设置的剪贴板进行的。执行第一个命令(“拷贝”或“剪切”)时,是将选中的图形对象复制或放到剪贴板中,执行第二个命令(“粘贴”),将“剪贴板”中的图形对象粘贴到指定的位置上。

5. 操作对象元件库

MCGS设置了称为对象元件库的图形库,用以解决组态结果的重新利用问题。我们在使用本系统的过程中,把常用的、制作完好的图形对象甚至整个用户窗口存入对象元件库中,需要时,从元件库中取出来直接使用。

从元件库中读取图形对象的操作方法如下:

- 鼠标单击工具箱中的“插入元件”图标,弹出“对象元件库管理”窗口,如图2-2所示;
- 选中对象类型,然后从相应的元件列表中选择所要的图形对象,按“确认”按钮,即可将该图形对象放在用户窗口中间。

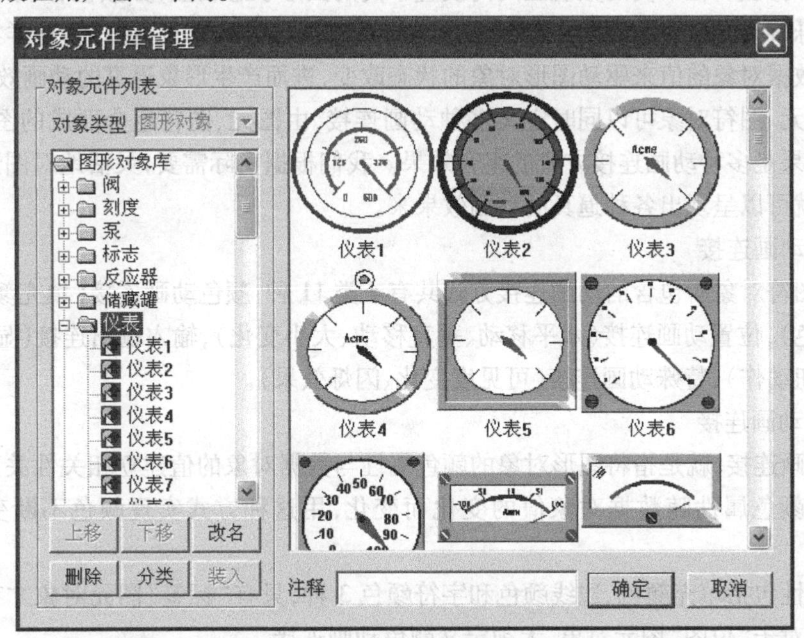

▲图2-2　对象元件库管理窗口

当需要把制作完好的图形对象插入对象元件库中时,先选中所要插入的图形对象,图标激活,用鼠标单击该图标,弹出“把选定的图形保存到对象元件库?”对话框,单击“确定”按钮,弹出“对象元件库管理”窗口,新插入的对象名为“新图形”,拖动鼠标到指定位置,抬起鼠标,同时还可以对新放置的图形对象进行修改名字、位置移动等操作,单击“确认”按钮,把新的图形对象存入对象元件库中。

(二)定义动画连接

1. 图形动画的实现

在用户窗口,由图形对象搭制而成的图形界面是静止的,需要对这些图形对象进行动画属性设置,使它们“动”起来,真实地描述外界对象的状态变化,达到过程实时监控的目的。

MCGS 实现图形动画设计的主要方法是将用户窗口中的图形对象与实时数据库中的数据对象建立相关性连接,并设置相应的动画属性,这样在系统运行过程中,图形对象的外观和状态特征就会由数据对象的实时采集结果进行驱动,从而实现图形的动画效果,使图形界面“动”起来。

用户窗口中的图形界面是由系统提供的图元、图符及动画构件等图形对象搭制而成的,动画构件是作为一个独立的整体供选用的,每一个动画构件都具有特定的动画功能,一般说来,动画构件用来完成图元和图符对象所不能完成或难以完成的、比较复杂的动画功能,而图元和图符对象可以作为基本图形元素,便于用户自由组态配置,完成动画构件中所没有的动画功能。

2. 动画连接的含义

所谓动画连接,实际上是将用户窗口内创建的图形对象与实时数据库中定义的数据对象建立起对应的关系,在不同的数值区间内设置不同的图形状态属性(如颜色、大小、位置移动、可见度、闪烁效果等),将物理对象的特征参数以动画图形方式来进行描述,这样在系统运行过程中,用数据对象的值来驱动图形对象的状态改变,进而产生形象逼真的动画效果。

一个图元、图符对象可以同时定义多种动画连接,由图元、图符组合而成的图形对象,最终的动画效果是多种动画连接方式的组合效果。我们根据实际需要,灵活地对图形对象定义动画连接,就可以呈现出各种逼真的动画效果来。

3. 常见动画连接

图元、图符对象所包含的动画连接方式共有 4 类 11 种:颜色动画连接(填充颜色、边线颜色、字符颜色),位置动画连接(水平移动、垂直移动、大小变化),输入输出连接(显示输出、按钮输入、按钮动作),特殊动画连接(可见度变化、闪烁效果)。

1)颜色动画连接

颜色动画连接,就是指将图形对象的颜色属性与数据对象的值建立相关性关系,使图元、图符对象的颜色属性随数据对象值的变化而变化,用这种方式实现颜色不断变化的动画效果。

颜色属性包括填充颜色、边线颜色和字符颜色 3 种,只有“标签”图元对象才有字符颜色动画连接。对于“位图”图元对象,无须定义颜色动画连接。

2)位置动画连接

位置动画连接包括图形对象的水平移动、垂直移动和大小变化 3 种属性,使图形对象的位置和大小随数据对象值的变化而变化。用户只要控制数据对象值的大小和值的变化速度,就能精确地控制所对应图形对象的大小、位置及其变化速度。

用户可以定义一种或多种动画连接,图形对象的最终动画效果是多种动画属性的合成效果。例如,同时定义水平移动和垂直移动两种动画连接,可以使图形对象沿着一条特定的曲线轨迹运动,假如再定义大小变化的动画连接,就可以使图形对象在做曲线运动的过程中同时改变其大小。

3)输入输出连接

为使图形对象能够用于数据显示,并且使操作人员对系统方便操作,更好地实现人机交互功能,系统增加了设置输入输出属性的动画连接方式。

设置输入输出连接方式从显示输出、按钮输入和按钮动作 3 个方面去着手,实现动画连接,体现友好的人机交互方式。

显示输出连接只用于“标签”图元对象,显示数据对象的数值;按钮输入连接用于输入数据对象的数值;按钮动作连接用于响应来自鼠标或键盘的操作,执行特定的功能。

在设置属性时,在“动画组态属性设置”对话框内,从“输入输出连接”栏目中选定一种,进入相应的属性窗口页进行设置。

4)特殊动画连接

在 MCGS 中,特殊动画连接包括可见度和闪烁效果两种方式,用于实现图元、图符对象的可见与不可见交替变换和图形闪烁效果,图形的可见度变换也是闪烁动画的一种。MCGS 中每一个图元、图符对象都可以定义特殊动画连接的方式。

二、任务实操

任务单——画面制作

公司名称	
部门	
项目描述	制作智能供水系统控制画面
工程分析	在开始组态工程之前,先对该工程进行剖析,以便从整体上把握工程的结构、流程、需实现的功能及如何实现这些功能。 工程框架: •2 个用户窗口:水位控制、数据显示; •3 个策略:启动策略、退出策略、循环策略。 数据对象:水泵、调节阀、出水阀、液位 1、液位 2、液位 1 上限、液位 1 下限、液位 2 上限、液位 2 下限、液位组。 图形制作: 水位控制窗口: 水泵、调节阀、出水阀、水罐、报警指示灯:由对象元件库引入; 管道:通过流动块构件实现; 水罐水量控制:通过滑动输入器实现; 水量的显示:通过旋转仪表、标签构件实现; 报警实时显示:通过报警显示构件实现; 动态修改报警限值:通过输入框构件实现。

续表

<table>
<tr><td>工程分析</td><td>数据显示窗口：
实时数据：通过自由表格构件实现；历史数据：通过历史表格构件实现；
实时曲线：通过实时曲线构件实现；历史曲线：通过历史曲线构件实现。
流程控制：
通过循环策略中的脚本程序策略块实现。
安全机制：
通过用户权限管理、工程安全管理、脚本程序实现</td></tr>
<tr><td>制作工程画面</td><td>建立画面：
●在“用户窗口”中单击“新建窗口”按钮，建立“窗口 0”；
●选中“窗口 0”，单击“窗口属性”，进入“用户窗口属性设置”；
●将窗口名称改为：水位控制；窗口标题改为：水位控制；其他不变，单击“确认”；
●在“用户窗口”中，选中“水位控制”，单击右键，选择下拉菜单中的“设置为启动窗口”选项，将该窗口设置为运行时自动加载的窗口，如下图所示：
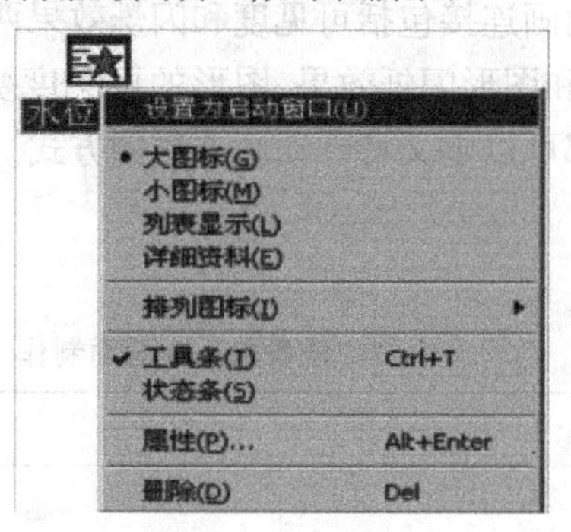

编辑画面：
选中“水位控制”窗口图标，单击“动画组态”，进入动画组态窗口，开始编辑画面。
制作文字框图：
[1]单击工具条中的“工具箱”按钮，打开绘图工具箱；
[2]选择“工具箱”内的“标签”按钮，鼠标的光标呈“十”字形，在窗口顶端中心位置拖拽鼠标，根据需要拉出一个一定大小的矩形；
[3]在光标闪烁位置输入文字“水位控制系统演示工程”，按回车键或在窗口任意位置用鼠标单击一下，文字输入完毕；
[4]选中文字框，作如下设置：
●单击工具条上的（填充色）按钮，设定文字框的背景颜色为：没有填充；
●单击工具条上的（线色）按钮，设置文字框的边线颜色为：没有边线；
●单击工具条上的（字符字体）按钮，设置文字字体为：宋体；字型为：粗体；大小为：26；
●单击工具条上的（字符颜色）按钮，将文字颜色设为：蓝色。</td></tr>
</table>

续表

<table>
<tr><td>制作工程画面</td><td>
制作水箱：
[1]单击绘图工具箱中的(插入元件)图标，弹出对象元件管理对话框，如下图所示：
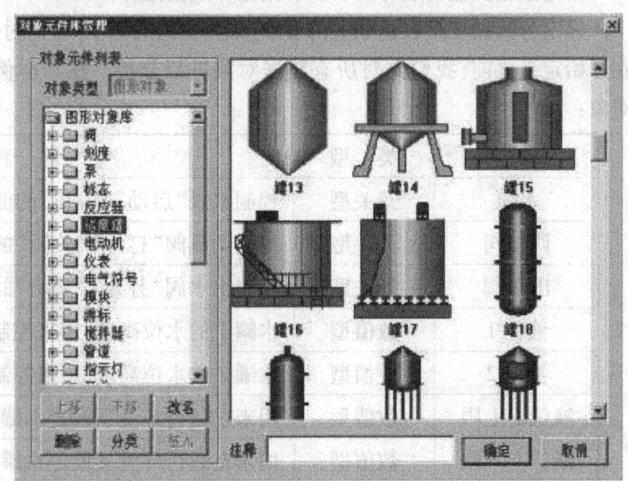
[2]从“储藏罐”类中选取罐17、罐53，从“阀”和“泵”类中分别选取2个阀(阀58、阀44)、1个泵(泵38)；
[3]将储藏罐、阀、泵调整为适当大小，放到适当位置，参照效果图；
[4]选中工具箱内的流动块动画构件图标，鼠标的光标呈“十”字形，移动鼠标至窗口的预定位置，单击鼠标左键，移动鼠标，在鼠标光标后形成一道虚线，拖动一定距离后，单击鼠标左键，生成一段流动块。再拖动鼠标(可沿原来方向，也可垂直原来方向)，生成下一段流动块；
[5]当用户想结束绘制时，双击鼠标左键即可；
[6]当用户想修改流动块时，选中流动块(流动块周围出现选中标志：白色小方块)，鼠标指针指向小方块，按住左键不放，拖动鼠标，即可调整流动块的形状；
[7]使用工具箱中的图标，分别对阀、罐进行文字注释，依次为：水泵、水罐1、调节阀、水罐2、出水阀。文字注释的设置同“编辑画面”中的“制作文字框图”；
[8]选择“文件”菜单中的“保存窗口”选项，保存画面。
整体画面：
最后生成的画面如下图所示：
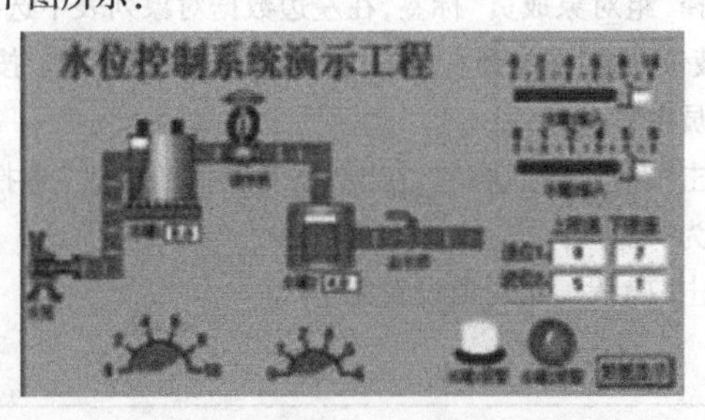

</td></tr>
</table>

续表

<table>
<tr>
<td>定义数据对象</td>
<td>
定义数据对象的内容主要包括：
● 指定数据变量的名称、类型、初始值和数值范围；
● 确定与数据变量存盘相关的参数，如存盘的周期、存盘的时间范围和保存期限等。
在开始定义之前，我们先对所有数据对象进行分析。在本样例工程中需要用到以下数据对象：
<table>
<tr><th>对象名称</th><th>类 型</th><th>注 释</th></tr>
<tr><td>水泵</td><td>开关型</td><td>控制水泵“启动”“停止”的变量</td></tr>
<tr><td>调节阀</td><td>开关型</td><td>控制调节阀“打开”“关闭”的变量</td></tr>
<tr><td>出水阀</td><td>开关型</td><td>控制出水阀“打开”“关闭”的变量</td></tr>
<tr><td>液位 1</td><td>数值型</td><td>水罐 1 的水位高度，用来控制 1#水罐水位的变化</td></tr>
<tr><td>液位 2</td><td>数值型</td><td>水罐 2 的水位高度，用来控制 2#水罐水位的变化</td></tr>
<tr><td>液位 1 上限</td><td>数值型</td><td>用来在运行环境下设定水罐 1 的上限报警值</td></tr>
<tr><td>液位 1 下限</td><td>数值型</td><td>用来在运行环境下设定水罐 1 的下限报警值</td></tr>
<tr><td>液位 2 上限</td><td>数值型</td><td>用来在运行环境下设定水罐 2 的上限报警值</td></tr>
<tr><td>液位 2 下限</td><td>数值型</td><td>用来在运行环境下设定水罐 2 的下限报警值</td></tr>
<tr><td>液位组</td><td>组对象</td><td>用于历史数据、历史曲线、报表输出等功能构件</td></tr>
</table>
下面以数据对象“水泵”为例，介绍一下定义数据对象的步骤：
[1]单击工作台中的“实时数据库”窗口标签，进入实时数据库窗口页。
● 单击“新增对象”按钮，在窗口的数据对象列表中，增加新的数据对象，系统缺省定义的名称为“Data1”“Data2”“Data3”等（多次单击该按钮，则可增加多个数据对象）；
● 选中对象，按“对象属性”按钮，或双击选中对象，则打开“数据对象属性设置”窗口；
● 将对象名称改为“水泵”；对象类型选择“开关型”；在对象内容注释输入框内输入“控制水泵启动、停止的变量”，单击“确认”；按照此步骤，根据上面的列表，设置其他 9 个数据对象。
[2]定义组对象与定义其他数据对象略有不同，需要对组对象成员进行选择。具体步骤如下：
● 在数据对象列表中，双击“液位组”，打开“数据对象属性设置”窗口；
● 选择“组对象成员”标签，在左边数据对象列表中选择“液位 1”，单击“增加”按钮，数据对象“液位 1”被添加到右边的“组对象成员列表”中。按照同样的方法将“液位 2”添加到组对象成员中；
● 单击“存盘属性”标签，在“数据对象值的存盘”选择框中，选择“定时存盘”，并将存盘周期设为“5 秒”；
● 单击“确认”，组对象设置完毕
</td>
</tr>
</table>

续表

<table>
<tr>
<td>动画连接</td>
<td>
由图形对象搭制而成的图形画面是静止不动的，需要对这些图形对象进行动画设计，真实地描述外界对象的状态变化，达到过程实时监控的目的。MCGS 嵌入版实现图形动画设计的主要方法是将用户窗口中图形对象与实时数据库中的数据对象建立相关性连接，并设置相应的动画属性。在系统运行过程中，图形对象的外观和状态特征，由数据对象的实时采集值驱动，从而实现了图形的动画效果。本样例中需要制作动画效果的部分包括：
• 水箱中水位的升降
• 水泵、阀门的启停
• 水流效果
水位升降效果：水位升降效果是通过设置数据对象“大小变化”连接类型实现的。
具体设置步骤如下：
[1]在用户窗口中双击水罐 1，弹出单元属性设置窗口；
[2]单击“动画连接”标签，显示如下图所示窗口：

[3]选中折线，在右端出现 。
[4]单击 进入动画组态属性设置窗口。按照下面的要求设置各个参数：
• 表达式：液位 1；
• 最大变化百分比对应的表达式的值：10；
• 其他参数不变。
设置完成后如下图所示：
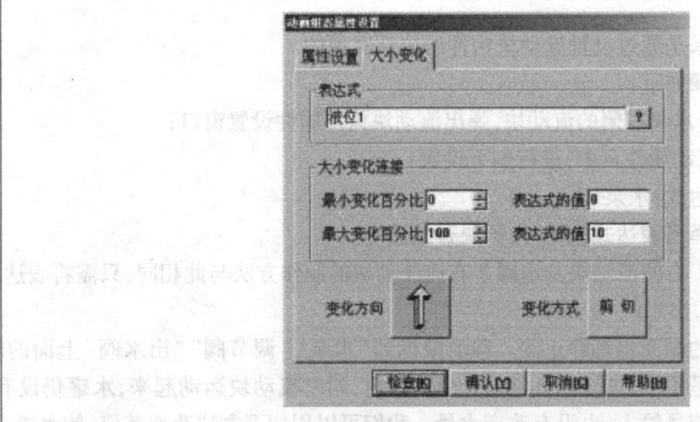

[5]单击“确认”，水罐 1 水位升降效果制作完毕。
</td>
</tr>
</table>

续表

动画连接	水罐 2 水位升降效果的制作同理。单击进入动画组态属性设置窗口后,进行参数设置: ● 表达式:液位 2; ● 最大变化百分比对应的表达式的值:6; ● 其他参数不变。 水泵、阀门的启停: 水泵、阀门的启停动画效果是通过设置连接类型对应的数据对象实现的。 设置步骤如下: [1]双击水泵,弹出单元属性设置窗口; [2]选中“数据对象”标签中的“按钮输入”,右端出现浏览按钮?; [3]单击浏览按钮?,双击数据对象列表中的“水泵”; [4]使用同样的方法将“填充颜色”对应的数据对象设置为“水泵”。 设置完成后如下图所示:  [5]单击“确认”,水泵的启停效果设置完毕。 调节阀的启停效果同理。只需在数据对象标签页中,将“按钮输入”“填充颜色”的数据对象均设置为:调节阀。 ● 出水阀的启停效果,需在数据对象标签页中,将“按钮输入”“可见度”的数据对象均设置为:出水阀。 水流效果: 水流效果是通过设置流动块构件的属性实现的。 实现步骤如下: [1]双击水泵右侧的流动块,弹出流动块构件属性设置窗口; [2]在流动属性页中,进行如下设置: ● 表达式:水泵=1; ● 选择当表达式非零时,流块开始流动。 水罐 1 右侧流动块及水罐 2 右侧流动块的制作方法与此相同,只需将表达式相应改为:调节阀=1,出水阀=1 即可。 这时的画面仍是静止的。移动鼠标到“水泵”“调节阀”“出水阀”上面的红色部分,鼠标指针会呈手形。单击,红色部分变为绿色,同时流动块运动起来,水罐仍没有变化。这是由于没有信号输入,也没有改变水量。我们可以用如下方法改变其值,使水罐动起来。

续表

<table>
<tr>
<td>动画连接</td>
<td>
1. 利用滑动输入器控制水位以水罐 1 的水位控制为例：
[1]进入"水位控制"窗口；
[2]选中"工具箱"中的滑动输入器图标，当鼠标的光标呈"十"字形后，拖动鼠标到适当大小；
[3]调整滑动块到适当的位置；
[4]双击滑动输入器构件，进入属性设置窗口。按照下面的值设置各个参数：
•"基本属性"页中，滑块指向：指向左(上)；
•"刻度与标注属性"页中，"主划线数目"：5；
•"操作属性"页中，对应数据对象名称：液位 1；滑块在最右(下)边时对应的值：10；
•其他不变。
[5]在制作好的滑块下适当的位置，制作一文字标签，按下面的要求进行设置：
•输入文字：水罐 1 输入；
•文字颜色：黑色；
•框图填充颜色：没有填充；
•框图边线颜色：没有边线。
[6]按照上述方法设置水罐 2 水位控制滑块，参数设置为：
•"基本属性"页中，滑块指向：指向左(上)；
•"操作属性"页中，对应数据对象名称：液位 2；滑块在最右(下)边时对应的值：6；
•其他不变。
[7]将水罐 2 水位控制滑块对应的文字标签设置为：
•输入文字：水罐 2 输入；
•文字颜色：黑色；
•框图填充颜色：没有填充；
•框图边线颜色：没有边线。
[8]单击工具箱中的常用图符按钮，打开常用图符工具箱；
[9]选择其中的凹槽平面按钮，拖动鼠标绘制一个凹槽平面，将两个滑动块及标签全部覆盖；
[10]选中该平面，单击编辑条中"置于最后面"按钮，最终效果如下图所示：
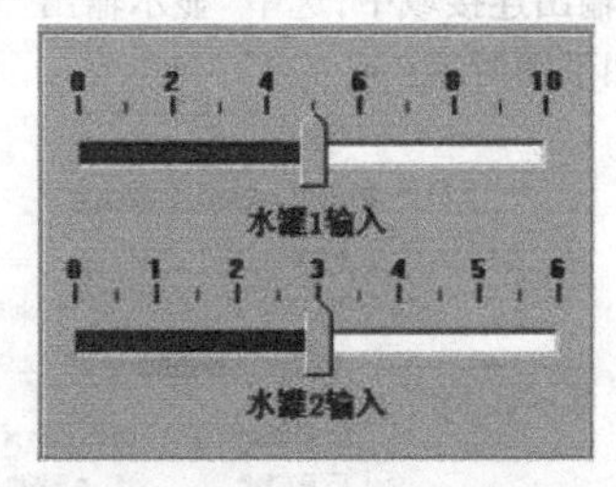

此时按"F5"，进行下载配置，工程下载完后，进入模拟运行环境，此时可以通过拉动滑动输入器而使水罐中的液面动起来。
</td>
</tr>
</table>

续表

<table>
<tr>
<td>动画连接</td>
<td>
2. 利用旋转仪表控制水位
在工业现场一般会大量地使用仪表进行数据显示。MCGS 嵌入版组态软件适应这一要求提供了旋转仪表构件。用户可以利用此构件在动画界面中模拟现场的仪表运行状态。具体制作步骤如下：
[1]选取“工具箱”中的“旋转仪表”图标，调整大小放在水罐 1 下面适当位置；
[2]双击该构件进行属性设置。各参数设置如下：
●“刻度与标注属性”页中，主划线数目：5；
●“操作属性”页中，表达式：液位 1；最大逆时针旋转角度：90°，对应的值：0；最大顺时针旋转角度：90°，对应的值：10；
●其他不变。
[3]按照此方法设置水罐 2 数据显示对应的旋转仪表。参数设置如下：
●“操作属性”页中，表达式：液位 2；最大逆时针旋转角度：90°，对应的值：0；最大顺时针旋转角度：90°，对应的值：6；
●其他不变。
进入运行环境后，可以通过拉动旋转仪表的指针使整个画面动起来。
3. 水量显示
为了能够准确地了解水罐 1、水罐 2 的水量，可以通过设置A标签的“显示输出”属性显示其值，具体操作如下：
[1]单击“工具箱”中的“标签”A图标，绘制两个标签，调整大小位置，将其并列放在水罐 1 下面：
●第一个标签用于标注，显示文字为：水罐 1；
●第二个标签用于显示水罐水量。
[2]双击第一个标签进行属性设置，参数设置如下：
●输入文字：水罐 1；
●文字颜色：黑色；
●框图填充颜色：没有填充；
●框图边线颜色：没有边线。
[3]双击第二个标签，进入动画组态属性设置窗口，将：
●填充颜色设置为：白色；
●边线颜色设置为：黑色。
[4]在输入输出连接域中，选中“显示输出”选项，在组态属性设置窗口中则会出现“显示输出”标签，如下图所示：
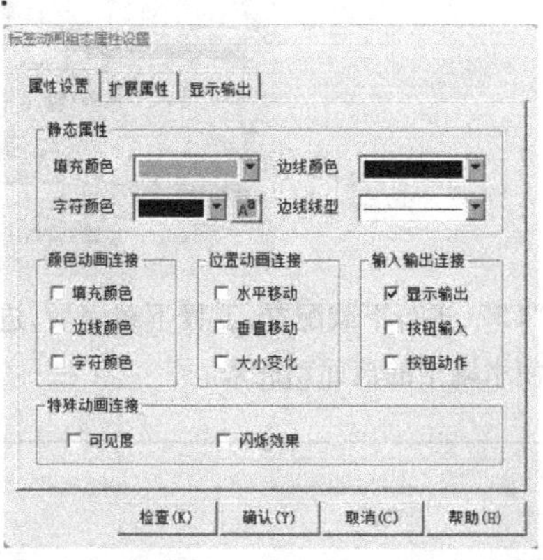

</td>
</tr>
</table>

续表

动画连接	[5]单击“显示输出”标签,设置显示输出属性。参数设置如下: • 表达式:液位 1; • 输出值类型:数值量输出; • 输出格式:向中对齐; • 整数位数:0; • 小数位数:1。 [6]单击“确认”,水罐 1 水量显示标签制作完毕。 水罐 2 水量显示标签与此相同,需做的改动如下: • 第一个用于标注的标签,显示文字为:水罐 2; • 第二个用于显示水罐水量的标签,表达式改为:液位 2
动画原件	记录工程所使用的动画元件:
数据对象	记录工程所使用的数据对象:
动画效果	记录工程所使用的动画效果:

续表

KPI 指标	工时:2 学时		难度权重:0.6
团队成员	电气工程师:	OP 手:	质检员:
完成时间	年 月 日		

三、任务评价

实验评价表

序号	评价项目	自我评价	组员互评	教师评价	综合评价
1	学习准备				
2	问题填写				
3	实验操作规范性				
4	实验完成质量				
5	5S 管理				
6	参与讨论主动性				
7	沟通协作				
8	展示汇报				

注:评价档次统一采用 A(优秀)、B(良好)、C(合格)、D(努力)4 个级别。

任务二　脚本程序

一、知识储备

(一)运行策略组态

运行策略是指对监控系统运行流程进行控制的方法和条件,它能够对系统执行某项操作和实现某种功能进行有条件的约束。运行策略由多个复杂的功能模块组成,称为“策略块”,用来完成对系统运行流程的自由控制,使系统能按照设定的顺序和条件,进行操作实时数据库,控制用户窗口的打开、关闭以及控制设备构件的工作状态等一系列工作,从而实现对系统工作过程的精确控制及有序的调度管理。

运行策略本身是系统提供的一个框架,里面放有策略条件构件和策略构件组成的“策略行”,通过对运行策略的定义,系统能够按照设定的顺序和条件操作实时数据库、控制用户窗口的打开、关闭并确定设备构件的工作状态等,从而实现对外部设备工作过程的精确控制。

运行策略的建立,使系统能够按照设定的顺序和条件,操作实时数据库,控制用户窗口的打开、关闭以及设备构件的工作状态,从而实现对系统工作过程精确控制及有序调度管理的目的。

MCGS 为用户提供了进行策略组态的专用窗口和工具箱。

根据运行策略的不同作用和功能，MCGS 把运行策略分为启动策略、退出策略、循环策略、用户策略、报警策略、事件策略、热键策略 7 种。每种策略都由一系列功能模块组成。MCGS 运行策略窗口中“启动策略”“退出策略”“循环策略”为系统固有的 3 个策略块，其余的则由用户根据需要自行定义，每个策略都有自己的专用名称，MCGS 系统的各个部分通过策略的名称来对策略进行调用和处理。

启动策略在 MCGS 进入运行时，首先由系统自动调用执行一次。一般在该策略中完成系统初始化功能，如：给特定的数据对象赋不同的初始值，调用硬件设备的初始化程序等，具体需要何种处理，由用户组态设置。

退出策略在 MCGS 退出运行前，由系统自动调用执行一次。一般在该策略中完成系统善后处理功能，例如，可在退出时把系统当前的运行状态记录下来，以便下次启动时恢复本次的工作状态。

在运行过程中，循环策略由系统按照设定的循环周期自动循环调用，循环体内所需执行的操作由用户设置。由于该策略块是由系统循环扫描执行，因此可把大多数关于流程控制的任务放在此策略块内处理，系统按先后顺序扫描所有的策略行，如策略行的条件成立，则处理策略行中的功能块。在每个循环周期内，系统都进行一次上述处理工作。

报警策略由用户在组态时创建，当指定数据对象的某种报警状态产生时，报警策略被系统自动调用一次。

事件策略由用户在组态时创建，当对应表达式的某种事件状态产生时，事件策略被系统自动调用一次。

热键策略由用户在组态时创建，当用户按下对应的热键时执行一次。

用户策略是用户自定义的功能模块，根据需要可以定义多个，分别用来完成各自不同的任务。用户策略系统不能自动调用，需要在组态时指定调用用户策略的对象。

（二）脚本程序

脚本程序是组态软件中的一种内置编程语言引擎。当某些控制和计算任务通过常规组态方法难以实现时，通过使用脚本语言，能够增强整个系统的灵活性，解决其常规组态方法难以解决的问题。

MCGS 脚本程序为有效地编制各种特定的流程控制程序和操作处理程序提供了方便的途径。它被封装在一个功能构件里（称为脚本程序功能构件），在后台由独立的线程来运行和处理，能够避免由于单个脚本程序的错误而导致整个系统的瘫痪。

在 MCGS 中，脚本语言是一种语法上类似 Basic 的编程语言。可以应用在运行策略中，把整个脚本程序作为一个策略功能块执行，也可以在菜单组态中作为菜单的一个辅助功能运行，更常见的用法是应用在动画界面的事件中。MCGS 引入的事件驱动机制，与 VB 或 VC 中的事件驱动机制类似，比如：对用户窗口，有装载、卸载事件；对窗口中的控件，有鼠标单击事件、键盘按键事件等。这些事件发生时，就会触发一个脚本程序，执行脚本程序中的操作。

1. 数据类型

MCGS 脚本程序语言使用的数据类型只有 3 种：

(1)开关型:表示开或者关的数据类型,通常0表示关,非0表示开。也可以作为整数使用;

(2)数值型:值在$3.4\times10^{-38}\sim3.4\times10^{38}$范围内;

(3)字符型:由最多512个字符组成的字符串;

2. 变量、常量及系统函数

1)变量

脚本程序中,用户不能定义子程序和子函数,其中数据对象可以看作脚本程序中的全局变量,在所有的程序段共用;可以用数据对象的名称来读写数据对象的值,也可以对数据对象的属性进行操作。

开关型、数值型、字符型3种数据对象分别对应脚本程序中的3种数据类型。在脚本程序中不能对组对象和事件型数据对象进行读写操作,但可以对组对象进行存盘处理。

2)常量

开关型常量:0或非0的整数,通常0表示关,非0表示开;

数值型常量:带小数点或不带小数点的数值,如12.45,100;

字符型常量:双引号内的字符串,如“OK”“正常”。

3)系统变量

MCGS系统定义的内部数据对象作为系统内部变量,在脚本程序中可自由使用,在使用系统变量时,变量的前面必须加“ $ ”符号,如 $Date。

4)系统函数

MCGS系统定义的内部函数,在脚本程序中可自由使用,在使用系统函数时,函数的前面必须加“!”符号,如!abs( )。

3. 事件

在MCGS的动画界面组态中,可以组态处理动画事件。动画事件是在某个对象上发生的,可能带有参数也可能没有参数的动作驱动源。如用户窗口上可以发生事件Load、Unload,并分别在用户窗口打开和关闭时触发。可以对这两个事件组态一段脚本程序,当事件触发时(用户窗口打开或关闭时)被调用。

用户窗口的Load和Unload事件是没有参数的,但是MouseMove事件有,在组态这个事件时,可以在参数组态中,选择把MouseMove事件的几个参数连接到数据对象上,这样,当MouseMove事件被触发时,就会把MouseMove的参数,包括鼠标位置、按键信息等送到连接的数据对象,然后,在事件连接的脚本程序中,就可以对这些数据对象进行处理。

4. 表达式

由数据对象(包括设计者在实时数据库中定义的数据对象、系统内部数据对象和系统函数)、括号和各种运算符组成的运算式称为表达式,表达式的计算结果称为表达式的值。

当表达式中包含有逻辑运算符或比较运算符时,表达式的值只可能为0(条件不成立,假)或非0(条件成立,真),这类表达式称为逻辑表达式;当表达式中只包含算术运算符,表达式的运算结果为具体的数值时,这类表达式称为算术表达式;常量或数据对象是狭义的表达式,这些单个量的值即为表达式的值。表达式值的类型即为表达式的类型,必须是开关型、数值型、字符型3种类型中的一种。

表达式是构成脚本程序的最基本元素，在 MCGS 的部分组态中，也常常需要通过表达式来建立实时数据库与其对象的连接关系，正确输入和构造表达式是 MCGS 的一项重要工作。

5. 运算符

1)算术运算符

∧:乘方　*:乘法　/:除法　\:整除　+:加法　-:减法　Mod:取模运算

2)逻辑运算符

AND:逻辑与　NOT:逻辑非　OR:逻辑或　XOR:逻辑异或

3)比较运算符

>:大于　>=:大于等于　=:等于　<=:小于等于　<:小于　<>:不等于

按照优先级从高到低的顺序，各个运算符排列如下：

①( )

②∧

③*,/,\,Mod

④+,-

⑤<,>,<=,>=,=,<>

⑥NOT

⑦AND,OR,XOR 按照优先级从高到低的顺序。

（三）脚本程序基本语句

由于 MCGS 脚本程序是为了实现某些多分支流程的控制及操作处理，因此包括了几种最简单的语句：赋值语句、条件语句、退出语句和注释语句。同时，为了提供一些高级的循环和遍历功能，MCGS 脚本程序还提供了循环语句。所有的脚本程序都可由这 5 种语句组成，当需要在一个程序行中包含多条语句时，各条语句之间须用“:”分开，程序行也可以是没有任何语句的空行。大多数情况下，一个程序行只包含一条语句，赋值程序行中根据需要可在一行上放置多条语句。

1. 赋值语句

赋值语句的形式为：数据对象 =表达式。

赋值语句用赋值号(=)来表示，它具体的含义是：把“=”右边表达式的运算值赋给左边的数据对象。赋值号左边必须是能够读写的数据对象，如：开关型数据、数值型数据以及能进行写操作的内部数据对象，而组对象、事件型数据对象、只读的内部数据对象、系统函数以及常量，均不能出现在赋值号的左边，因为不能对这些对象进行写操作。

赋值号的右边为一表达式，表达式的类型必须与左边数据对象值的类型相符，否则系统会提示“赋值语句类型不匹配”的错误信息。

2. 条件语句

条件语句有如下 3 种形式：

If 〖表达式〗 Then 〖赋值语句或退出语句〗

If 〖表达式〗 Then

　〖语句〗

EndIf

If 〖表达式〗 Then

〖语句〗

Else

〖语句〗

EndIf

3. 循环语句

循环语句为 While 和 EndWhile，其结构为：

While 〖条件表达式〗

…

EndWhile

当条件表达式成立时（非零），循环执行 While 和 EndWhile 之间的语句。直到条件表达式不成立（为零），退出。

4. 退出语句

退出语句为“Exit”，用于中断脚本程序的运行，停止执行其后面的语句。一般在条件语句中使用退出语句，以便在某种条件下，停止并退出脚本程序的执行。

5. 注释语句

以单引号“'”开头的语句称为注释语句，注释语句在脚本程序中只起到注释说明的作用，实际运行时，系统不对注释语句作任何处理。

二、任务实操

任务单——脚本程序

公司名称	
部门	
项目描述	制作智能供水系统脚本程序
编写控制流程	下面先对控制流程进行分析： ● 当“水罐 1”的液位达到 9 m 时，就要把“水泵”关闭，否则就要自动启动“水泵”； ● 当“水罐 2”的液位不足 1 m 时，就要自动关闭“出水阀”，否则自动开启“出水阀”； ● 当“水罐 1”的液位高于 1 m，同时“水罐 2”的液位低于 6 m 就要自动开启“调节阀”，否则自动关闭“调节阀”
流程图	绘制工程控制流程图：

续表

<table>
<tr>
<td>编写程序</td>
<td>
具体操作如下：
[1]在“运行策略”中，双击“循环策略”进入策略组态窗口；
[2]双击图标进入“策略属性设置”，将循环时间设为 200 ms，单击“确认”；
[3]在策略组态窗口中，单击工具条中的“新增策略行”图标，增加一策略行，如图所示：
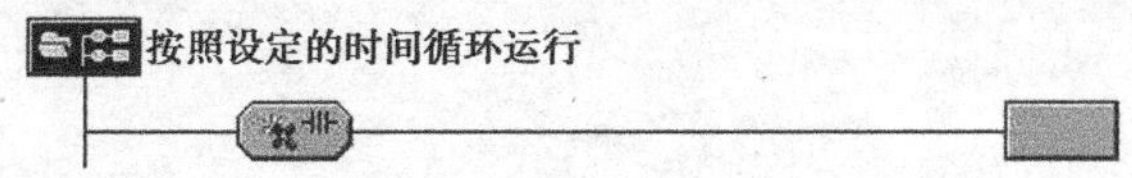

● 如果策略组态窗口中，没有策略工具箱，请单击工具条中的“工具箱”图标，弹出“策略工具箱”，如下图所示：
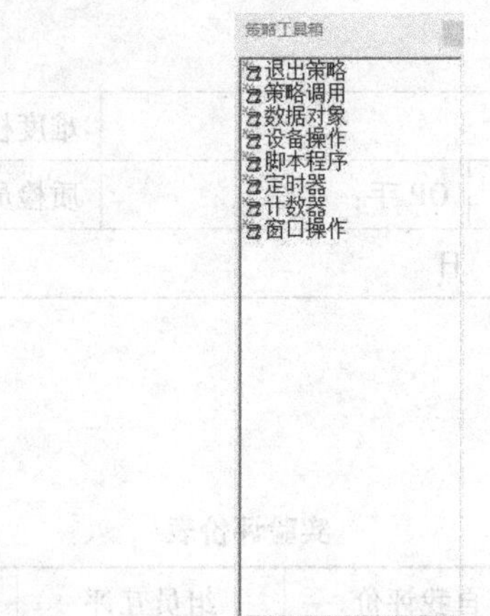

[4]单击“策略工具箱”中的“脚本程序”，将鼠标指针移到策略块图标上，单击鼠标左键，添加脚本程序构件，如下图所示：

[5]双击进入脚本程序编辑环境，输入下面的程序：
IF 液位1<9 THEN
　水泵=1
　ELSE
　水泵=0
ENDIF
IF 液位2<1 THEN
　出水阀=0ELSE
　出水阀=1
ENDIF
IF 液位1>1 and　液位2<9 THEN
　调节阀=1
ELSE
　调节阀=0
ENDIF
[6]单击“确认”，脚本程序编写完毕
</td>
</tr>
</table>

续表

脚本程序	记录工程脚本程序:		
KPI 指标	工时:2 学时		难度权重:0.6
团队成员	电气工程师:	OP 手:	质检员:
完成时间	年 月 日		

三、任务评价

实验评价表

序号	评价项目	自我评价	组员互评	教师评价	综合评价
1	学习准备				
2	问题填写				
3	实验操作规范性				
4	实验完成质量				
5	5S 管理				
6	参与讨论主动性				
7	沟通协作				
8	展示汇报				

注:评价档次统一采用 A(优秀)、B(良好)、C(合格)、D(努力)4 个级别。

任务三 报警处理

一、知识储备

MCGS 把报警处理作为数据对象的属性,封装在数据对象内,由实时数据库在运行时自动处理。当数据对象的值或状态发生改变时,实时数据库判断对应的数据对象是否发生了报警或已产生的报警是否已经结束，并把所产生的报警信息通知给系统的其他部分，同时，实时数据库根据用户的组态设定，把报警信息存入指定的存盘数据库文件中。

实时数据库只负责报警的判断、通知和存储3项工作，而报警产生后所要进行的其他处理操作(即对报警动作的响应)，则需要设计者在组态时制订方案，例如希望在报警产生时，打开一个指定的用户窗口，或者显示和该报警相关的信息等。

(一)定义报警

在处理报警之前必须先定义报警，报警的定义在数据对象的属性页中进行，如图2-3所示。

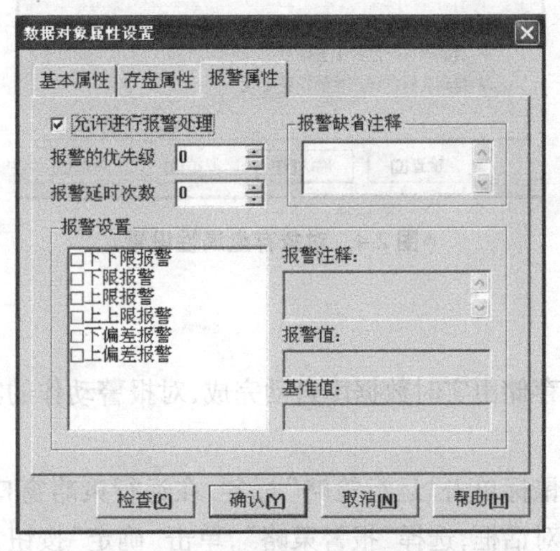

▲图2-3　数值型数据对象报警方式

首先要选中“允许进行报警处理”复选框，使实时数据库能对该对象进行报警处理；其次要正确设置报警限值或报警状态。

数值型数据对象有6种报警：下下限、下限、上限、上上限、上偏差、下偏差。

开关型数据对象有4种报警方式：开关量报警，开关量跳变报警，开关量正跳变报警和开关量负跳变报警。开关量报警时可以选择是开(值为1)报警，还是关(值为0)报警，当一种状态为报警状态时，另一种状态就为正常状态，当在保持报警状态保持不变时，只产生一次报警；开关量跳变报警为开关量在跳变(值从0变1和值从1变0)时报警，开关量跳变报警也叫开关量变位报警，即在正跳变和负跳变时都产生报警。开关量正跳变报警只在开关量正跳变时发生；开关量负跳变报警只在开关量负跳变时发生。4种方式的开关量报警是为了适用不同的使用场合，用户在使用时可以根据不同的需要选择一种或多种报警方式。

事件型数据对象不用进行报警限值或状态设置，当它所对应的事件产生时，报警也就产生，对事件型数据对象，报警的产生和结束是同时完成的。

字符型数据对象和组对象不能设置报警属性，但对组对象所包含的成员可以单个设置报警。组对象一般可用来对报警进行分类，以方便系统其他部分对同类报警进行处理。

当多个报警同时产生时，系统优先处理优先级高的报警。当报警延时次数大于1时，实时数据库只有在检测到对应数据对象连续多次处于报警状态后，才认为该数据对象的报警条件成立。我们在实际应用中，适当设置报警延时次数，可避免因干扰信号而引起的误报警。

当报警信息产生时，我们还可以设置报警信息是否需要自动存盘和自动打印，如图2-4所示，这种设置操作需要在数据对象的存盘属性中完成。

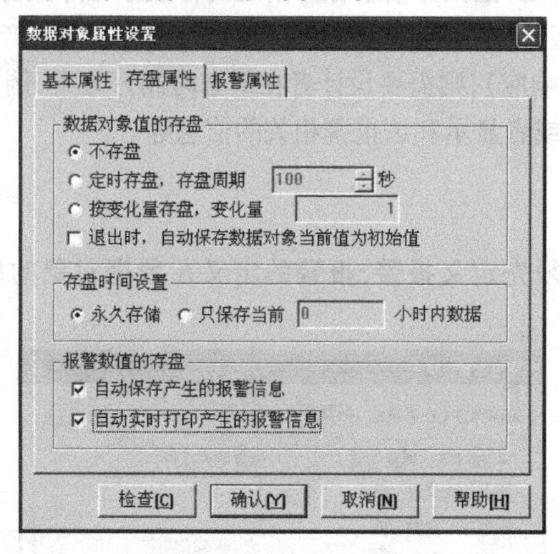

▲图 2-4 对象存盘属性设置

（二）处理报警

报警的产生、通知和存储由实时数据库自动完成，对报警动作的响应由设计者根据需要，在报警策略中组态完成。

在工作台窗口中，用鼠标单击“运行策略”标签，在运行策略窗口中，单击“新建策略”按钮，弹出选择策略类型的对话框，选择“报警策略”，单击“确定”按钮，系统就添加了一个新的报警策略，缺省名为策略X(X表示数字)。

1. 报警条件

在运行策略中，报警策略是专门用于响应变量报警的，在报警策略的属性中可以设置对应的报警变量和响应报警的方式，在运行策略窗口中，选中刚才添加的报警策略，单击“策略属性”按钮，弹出“策略属性设置”对话框，如图2-5所示。

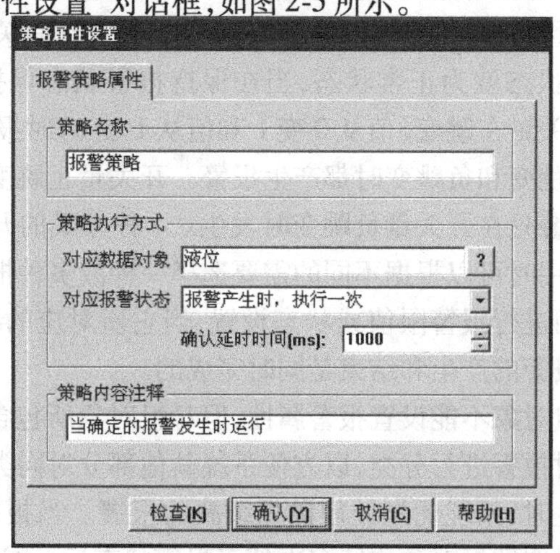

▲图 2-5 报警策略属性对话框

各部分说明如下：

(1)策略名称：输入报警策略的名称。

(2)策略执行方式：

对应数据对象：用于与实时数据库的数据对象连接。

对应报警状态：对应的报警状态有 3 种，即报警产生时执行一次、报警结束时执行一次、报警应答时执行一次。

确认延时时间：当报警产生时，延时一定时间后，再检查数据对象是否还处在报警状态，如是，则条件成立，报警策略被系统自动调用一次。

(3)策略内容注释：用于对策略加以注释。

当设置的变量产生报警时，在和设定的对应报警状态和确认延时时刻一致时，系统就会调用此策略，用户可以在策略中组态需要在报警时执行的动作，如打开一个报警提示窗口或执行一个声音文件等。

2. 报警应答

报警应答的作用是告诉系统，操作员已经知道对应数据对象的报警产生，并作了相应的处理，同时，MCGS 将自动记录下应答的时间(要选取数据对象的报警信息自动存盘属性才有效)。报警应答可在数据对象策略构件中实现，也可以在脚本程序中使用系统内部函数“!AnswerAlm”来实现。

在实际应用中，对重要的报警事件都要由操作员进行及时的应急处理，报警应答机制能记录下报警产生的时间和应答报警的时间，为事后进行事故分析提供实际数据。

在策略工具箱中的数据对象策略构件，在运行时可用来读取和设置数值型数据对象的报警限值，如图 2-6 所示，设置指定对象的报警下限为 20，报警上限为 300。

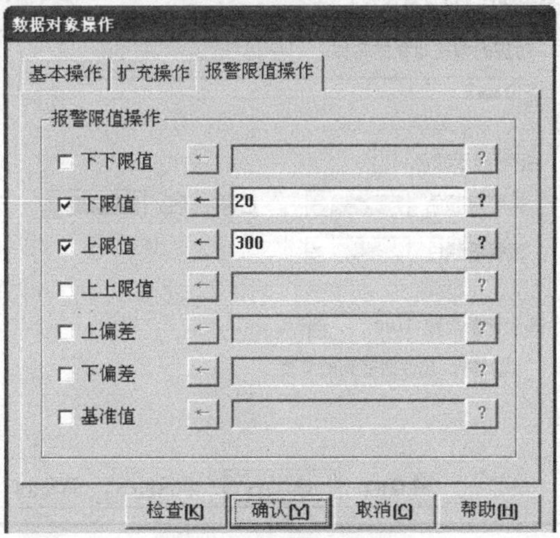

▲图 2-6　报警限值操作

同时也可以在脚本程序中使用内部系统函数“!SetAlmValue(DatName,Value,Flag)”来设置数据对象的报警限值。

使用内部系统函数“!GetAlmValue(DatName,Value,Flag)”读取数据对象报警限值。

（三）显示报警信息

在用户窗口中放置报警显示动画构件，并对其进行组态配置，运行时，可实现对指定数据对象报警信息的实时显示，如图 2-7 所示。

时间	对象名	报警类型	报警事件	当前值	界限值
06-30 13:40:04	Data0	上限报警	报警产生	120.0	100.0
06-30 13:40:04	Data0	上限报警	报警结束	120.0	100.0

▲图 2-7　报警信息

报警显示动画构件显示的一次报警信息包含如下内容：

- 报警事件产生的时间；
- 产生报警的数据对象名称；
- 报警类型（限值报警、状态报警、事件报警）；
- 报警事件（产生、结束、应答）；
- 对应数据对象的当前值（触发报警时刻数据对象的值）；
- 报警界限值；
- 报警内容注释。

组态时，在用户窗口中双击报警显示构件可将其激活，进入该构件的编辑状态。在编辑状态下，用户可以用鼠标来自由改变各显示列的宽度，对不需要显示的信息，将其列宽设置为零即可。在编辑状态下，再双击报警显示构件，将弹出如图 2-8 所示的属性页。

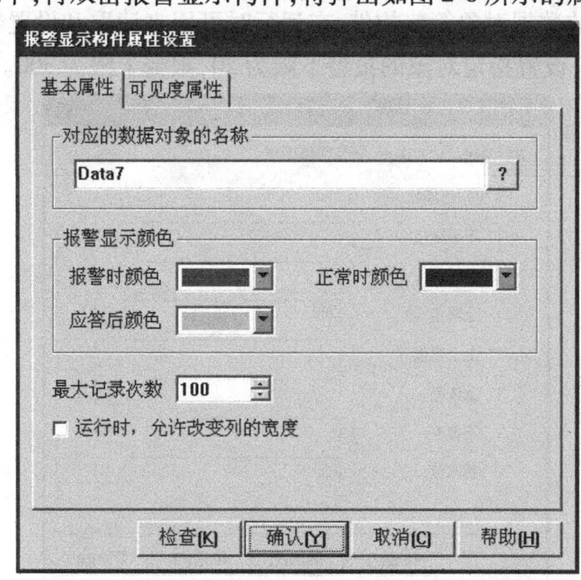

▲图 2-8　报警显示属性设置

一般情况下，一个报警显示构件只用来显示某一类报警产生时的信息。定义一个组对象，其成员为所有相关的数据对象，把属性页中的“报警对应的数据对象”设置成该组对象，则运行时，组对象包括的所有数据对象的报警信息都在该报警显示构件中显示。

二、任务实操

任务单——报警处理

<table>
<tr><td>公司名称</td><td></td></tr>
<tr><td>部门</td><td></td></tr>
<tr><td>项目描述</td><td>制作智能供水系统报警处理</td></tr>
<tr><td>定义报警</td><td>需设置报警的数据对象包括：
● 液位 1
● 液位 2
定义报警的具体操作如下：
● 进入实时数据库，双击数据对象“液位 1”；
● 选中“报警属性”标签；
● 选中“允许进行报警处理”，报警设置域被激活；
● 选中报警设置域中的“下限报警”，报警值设为:2；报警注释输入：“水罐 1 没水了！”；
● 选中“上限报警”，报警值设为:9；报警注释输入：“水罐 1 的水已达上限值！”；
● 然后，在“存盘属性”中选中“自动保存产生的报警信息”；
● 按“确认”按钮，“液位 1”报警设置完毕</td></tr>
<tr><td>记录报警</td><td>记录液位 2 报警设置：</td></tr>
<tr><td>制作报警
显示画面</td><td>实时数据库只负责关于报警的判断、通知和存储 3 项工作，而报警产生后所要进行的其他处理操作（即对报警动作的响应），则需要在组态时实现。
具体操作如下：
[1] 双击“用户窗口”中的“水位控制”窗口，进入组态画面。选取“工具箱”中的“报警显示”构件。鼠标指针呈“十”字形后，在适当的位置拖动鼠标至适当大小。如下图所示：
<table>
<tr><th>时间</th><th>对象名</th><th>报警类型</th><th>报警事件</th><th>当前值</th><th>界限值</th><th>报警描述</th></tr>
<tr><td>12-28 10:11:12</td><td>Data0</td><td>上限报警</td><td>报警产生</td><td>120.0</td><td>100.0</td><td>Data0上限报警</td></tr>
<tr><td>12-28 10:11:12</td><td>Data0</td><td>上限报警</td><td>报警结束</td><td>120.0</td><td>100.0</td><td>Data0上限报警</td></tr>
<tr><td>12-28 10:11:12</td><td>Data0</td><td>上限报警</td><td>报警应答</td><td>120.0</td><td>100.0</td><td>Data0上限报警</td></tr>
</table></td></tr>
</table>

续表

制作报警显示画面	[2]选中该图形,双击,再双击弹出报警显示构件属性设置窗口,如下图所示: 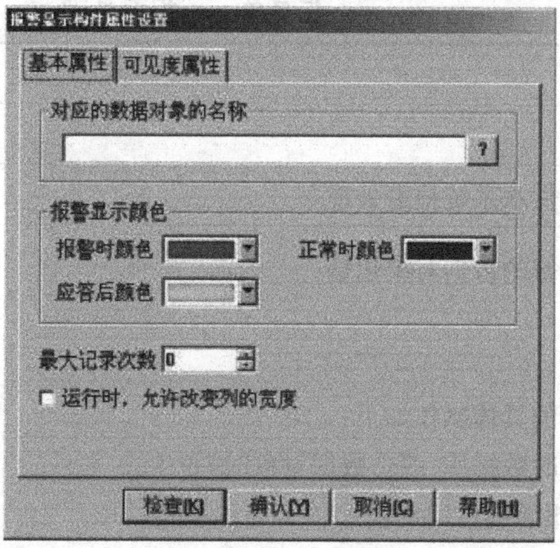 [3]在基本属性页中,将: ●对应的数据对象的名称设为:液位组; ●最大记录次数设为:6。 [4]单击“确认”即可
修改报警限值	在“实时数据库”中,对“液位1”“液位2”的上下限报警值都是已定义好的。如果用户想在运行环境下根据实际情况随时改变报警上下限值,又该如何实现呢?在MCGS组态软件中,为您提供了大量的函数,可以根据需要灵活地运用。 操作步骤包括以下3个部分: ●设置数据对象; ●制作交互界面; ●编写控制流程。 设置数据对象: 在“实时数据库”中,增加4个变量,分别为液位1上限、液位1下限、液位2上限、液位2下限,参数设置如下: ●基本属性页中: ◇对象名称分别为液位1上限、液位1下限、液位2上限、液位2下限; ◇对象内容注释分别为水罐1的上限报警值、水罐1的下限报警值、水罐2的上限报警值、水罐2的下限报警值
制作交互界面	下面通过对4个输入框进行设置,实现用户与数据库的交互。 需要用到的构件包括: ●4个标签:用于标注; ●4个输入框:用于输入修改值。 最终效果,如下图所示:

续表

<table>
<tr><td>制作交互界面</td><td colspan="3">上限值　下限值
液位1：　输入框　输入框
液位2：　输入框　输入框
记录交互界面的制作步骤：</td></tr>
<tr><td>编写控制流程</td><td colspan="3">进入“运行策略”窗口，双击“循环策略”，双击 进入脚本程序编辑环境，在脚本程序中增加以下语句：
！SetAlmValue(液位1，液位1上限，3)
！SetAlmValue(液位1，液位1下限，2)
！SetAlmValue(液位2，液位2上限，3)
！SetAlmValue(液位2，液位2下限，2)
按F1查看“在线帮助”。在弹出的“MCGS帮助系统”的“索引”中输“！SetAlmValue”，记录！SetAlmValue函数的用法：</td></tr>
<tr><td>报警提示按钮</td><td colspan="3">当有报警产生时，可以用指示灯提示，记录提示灯制作过程：</td></tr>
<tr><td>KPI指标</td><td colspan="2">工时：2学时</td><td>难度权重：0.6</td></tr>
<tr><td>团队成员</td><td>电气工程师：</td><td>OP手：</td><td>质检员：</td></tr>
<tr><td>完成时间</td><td colspan="3">年　月　日</td></tr>
</table>

三、任务评价

实验评价表

序号	评价项目	自我评价	组员互评	教师评价	综合评价
1	学习准备				
2	问题填写				
3	实验操作规范性				
4	实验完成质量				
5	5S 管理				
6	参与讨论主动性				
7	沟通协作				
8	展示汇报				

注:评价档次统一采用 A(优秀)、B(良好)、C(合格)、D(努力)4 个级别。

任务四　安全机制

一、知识储备

MCGS 组态软件提供了一套完善的安全机制,用户能够自由组态控制菜单、按钮和退出系统的操作权限,并且允许有操作权限的操作员才能对某些功能进行操作。MCGS 还提供了工程密码、锁定软件狗、工程运行期限等功能,来保护使用 MCGS 组态软件开发所得的成果,开发者可利用这些功能保护自己的合法权益。

MCGS 系统的操作权限机制和 Windows NT 类似,采用用户组和用户的概念来进行操作权限的控制。在 MCGS 中可以定义多个用户组,每个用户组中可以包含多个用户,同一个用户可以隶属于多个用户组。操作权限的分配是以用户组为单位来进行的,即某种功能的操作哪些用户组有权限,而某个用户能否对这个功能进行操作取决于该用户所在的用户组是否具备对应的操作权限。

MCGS 系统按用户组来分配操作权限的机制,使用户能方便地建立各种多层次的安全机制。例如:实际应用中的安全机制一般划分为操作员组、技术员组、负责人组。操作员组的成员一般只能进行简单的日常操作;技术员组负责工艺参数等功能的设置;负责人组能对重要的数据进行统计分析;各组的权限各自独立,但某用户可能因工作需要,能进行所有操作,则只需把该用户同时设为隶属于 3 个用户组即可。

(一)定义用户和用户组

在 MCGS 组态环境中,选取“工具”菜单中的“用户权限管理”菜单项,弹出用户管理窗口,如图 2-9 所示。

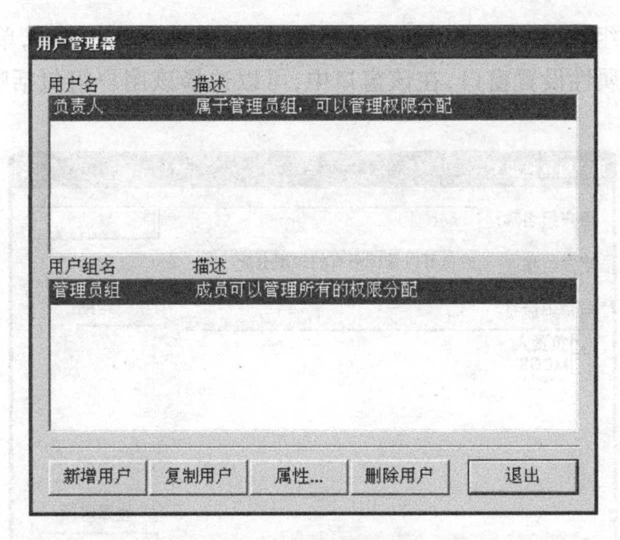

▲图 2-9　用户管理窗口

在 MCGS 中，固定有一个名为“管理员组”的用户组和一个名为“负责人”的用户，它们的名称不能修改。管理员组中的用户有权利在运行时管理所有的权限分配工作，管理员组的这些特性是由 MCGS 系统决定的，其他所有用户组都没有这些权利。

在用户管理器窗口中，上半部分为已建用户的用户名列表，下半部分为已建用户组的列表。当用鼠标激活用户名列表时，在窗口底部显示的按钮是“新增用户”“复制用户”“删除用户”等对用户操作的按钮；当用鼠标激活用户组名列表时，在窗口底部显示的按钮是“新增用户组”“删除用户组”等对用户组操作的按钮。

单击“新增用户”按钮，弹出“用户属性设置”窗口，在该窗口中，用户密码要输入两遍，用户所隶属的用户组在下面的列表框中选择(注意:一个用户可以隶属于多个用户组)。当在用户管理器窗口中按“属性”按钮时，弹出同样的窗口，可以修改用户密码和所属的用户组，但不能够修改用户名。

单击“新增用户”按钮，可以添加新的用户名，选中一个用户时，单击属性或双击该用户，会出现用户属性设置窗口，在该窗口中，可以选择该用户隶属于哪个用户组，如图 2-10 所示。

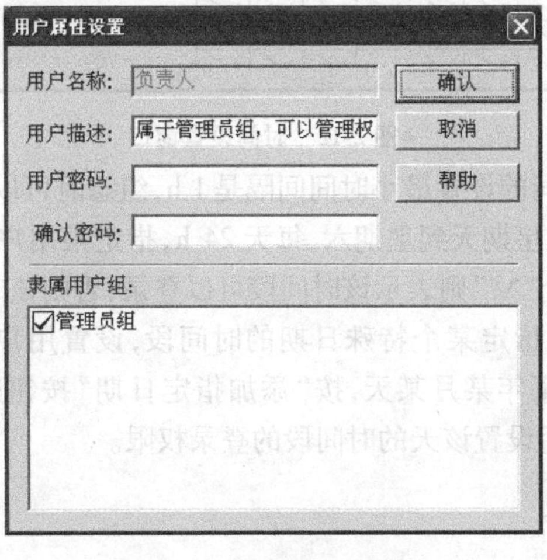

▲图 2-10　用户属性设置窗口

单击“新增用户组”按钮，可以添加新的用户组，选中一个用户组时，单击属性或双击该用户组，会出现用户组属性设置窗口，在该窗口中，可以选择该用户组包括哪些用户，如图 2-11 所示。

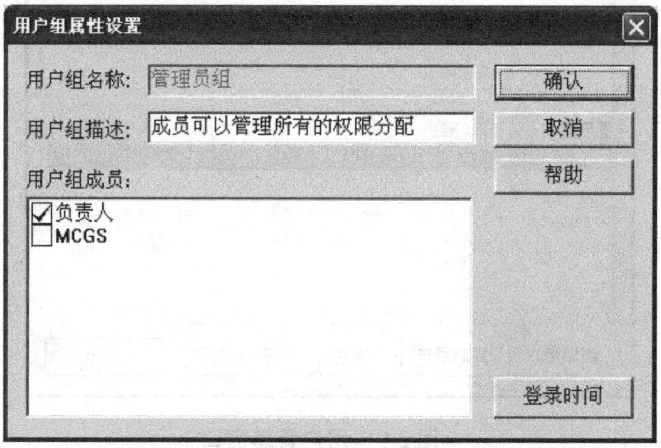

▲图 2-11　用户组属性设置窗口

在该窗口中，单击登录时间按钮，会出现打开时间设置窗口，如图 2-12 所示。

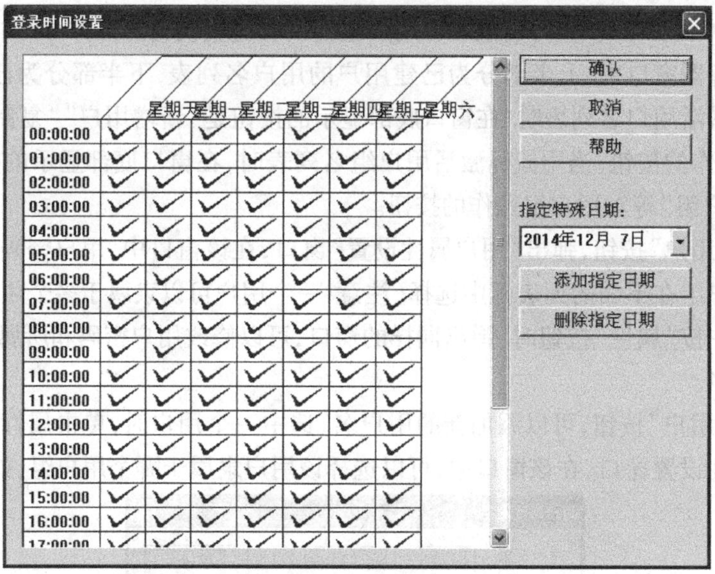

▲图 2-12　时间设置窗口

MCGS 系统中登录时间的设置最小时间间隔是 1 h，组态时可以指定某个用户组的系统登录时间，如图 2-12 所示，从星期天到星期六、每天 24 h，指定某用户组在某 1 h 内是否可以登录系统，在某一时间段打上“√”则表示该时间段可以登录，否则该时间段不允许登录系统。

同时，MCGS 系统可以指定某个特殊日期的时间段，设置用户组的登录权限，在图 2-12 中，“指定特殊日期”选择某年某月某天，按“添加指定日期”按钮则把选择的日期添加到图 2-12 中左边的列表中，然后设置该天的时间段的登录权限。

（二）系统权限设置

为了更好地保证工程运行的安全、稳定、可靠，防止与工程系统无关的人员进入或退出工程系统，MCGS 系统提供了对工程运行时进入和退出工程的权限管理。

打开 MCGS 组态环境，在 MCGS 主控窗口中设置“系统属性”，打开窗口，如图 2-13 所示。

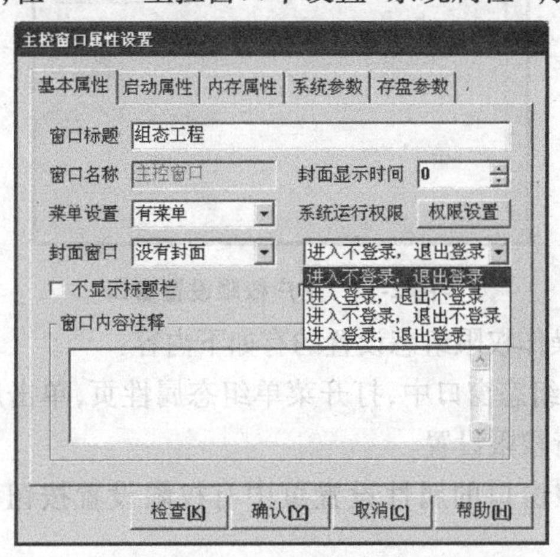

▲图 2-13　主控窗口属性设置

单击“权限设置”，设置工程系统的运行权限，同时设置系统进入和退出时是否需要用户登录，共 4 种组合：“进入不登录，退出登录”“进入登录，退出不登录”“进入不登录，退出不登录”“进入登录，退出登录”。在通常情况下，退出 MCGS 系统时，系统会弹出确认对话框，MCGS 系统提供了 2 个脚本函数在运行时控制退出时是否需要用户登录和弹出确认对话框，! EnableExitLogon( )和! EnableExitPrompt( )，这 2 个函数的使用说明如下：

! EnableExitLogon(FLAG)，FLAG =1，工程系统退出时需要用户登录成功后才能退出系统，否则拒绝用户退出的请求；FLAG =0，退出时不需要用户登录即可退出，此时不管系统是否设置了退出时需要用户登录，均不登录。

! EnableExitPrompt(FLAG)，FLAG=1，工程系统退出时弹出确认对话框；FLAG=0，工程系统退出时不弹出确认对话框。

为了使上述两个函数有效，必须在组态时在脚本程序中加上这两个函数，在工程运行时调用一次函数运行。

（三）操作权限设置

MCGS 操作权限的组态非常简单，当对应的动画功能可以设置操作权限时，在属性设置窗口页中都有对应的“权限”按钮，单击该按钮后弹出的用户权限设置窗口，如图 2-14 所示。

作为缺省设置，能对某项功能进行操作的为所有用户，即：如果不进行权限组态，则权限机制不起作用，所有用户都能对其进行操作。在用户权限设置窗口中，把对应的用户组选中（方框内打钩表示选中），则该组内的所有用户都能对该项工作进行操作。一个操作权限可以配置多个用户组。

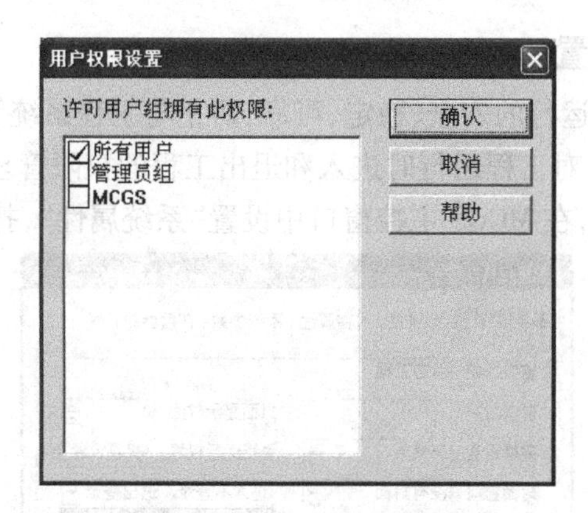

▲图 2-14　用户权限设置窗口

在 MCGS 中,能进行操作权限组态设置的有如下内容:

(1)用户菜单:在菜单组态窗口中,打开菜单组态属性页,单击属性页窗口左下角的权限按钮,即可对该菜单项进行权限设置。

(2)退出系统:在主控窗口的属性设置页中有权限设置按钮,通过该按钮可进行权限设置。

(3)动画组态:在对普通图形对象进行动画组态时,按钮输入和按钮动作两个动画功能可以进行权限设置。运行时,只有有操作权限的用户登录,鼠标在图形对象上时才变成手形,响应鼠标的按键动作。

(4)标准按钮:在属性设置窗口中可以进行权限设置。

(5)动画按钮:在属性设置窗口中可以进行权限设置。

(6)旋钮输入器:在属性设置窗口中可以进行权限设置。

(7)滑动输入器:在属性设置窗口中可以进行权限设置。

(四)运行时改变操作权限

MCGS 的用户操作权限在运行时才体现出来。某个用户在进行操作之前首先要进行登录工作,登录成功后该用户才能进行所需的操作,完成操作后退出登录,使操作权限失效。用户登录、退出登录、运行时修改用户密码和用户管理等功能都需要在组态环境中进行一定的组态工作,在脚本程序使用中 MCGS 提供的 4 个内部函数可以完成上述工作。

1. ! LogOn( )

在脚本程序中执行该函数,弹出 MCGS 登录窗口,如图 2-15 所示。从用户名下拉框中选取要登录的用户名,在密码输入框中输入用户对应的密码,按回车键或确认按钮,如输入正确则登录成功,否则会出现对应的提示信息。按取消按钮停止登录。

2. ! LogOff( )

在脚本程序中执行该函数弹出提示框,提示是否要退出登录,“是”退出,“否”不退出。

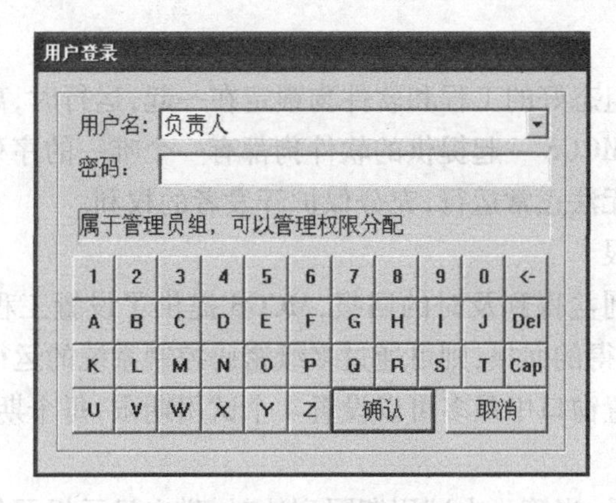

▲图 2-15　用户登录窗口

3. ! ChangePassword( )

在脚本程序中执行该函数弹出修改密码窗口，如图 2-16 所示。

▲图 2-16　改变用户密码窗口

先输入旧的密码，再输入两遍新密码，按确认键即可完成当前登录用户的密码修改工作。

4. ! Editusers( )

在脚本程序中执行该函数弹出用户管理器窗口，允许在运行时增加/删除用户或修改用户的密码和所隶属的用户组。注意：只有在当前登录的用户属于管理员组时，本功能才有效。运行时不能增加、删除或修改用户组的属性。

在实际应用中，当需要进行操作权限控制时，一般都在菜单组态窗口中增加 4 个菜单项：登录用户、退出登录、修改密码、用户管理，在每个菜单属性窗口的脚本程序属性页中分别输入 4 个函数：! LogOn( )、! LogOff( )、! ChangePassword( )、! Editusers( )。这样，运行时就可以通过菜单来进行登录等工作。同样，通过对按钮进行组态也可以完成这些登录工作。

（五）工程安全管理

1. 工程密码

给正在组态或已完成的工程设置密码，可以保护该工程不被其他人打开使用或修改。当使用 MCGS 来打开这些工程时，首先弹出输入框要求输入工程的密码，如密码不正确则不能打开该工程，从而起到保护劳动成果的作用。

2. 锁定软件狗

锁定软件狗可以把组态好的工程和软件狗锁定在一起，运行时，离开锁定的软件狗，该工程就不能正常运行。随 MCGS 一起提供的软件狗都有一个唯一的序列号，锁定后的工程在其他任何 MCGS 系统中都无法正常运行，充分保护开发者的权利。

3. 设置工程运行期限

为了方便开发者的利益得到及时的回报，MCGS 提供了设置工程运行期限的功能，到一定的时间后，如得不到应得的回报，则可通过多级密码控制系统的运行或停止。

在工程试用期限设置窗口中最多可以设置 4 个试用期限，每个期限都有不同的密码和提示信息。

运行时工作的流程是：当第一次试用期限到达时，弹出显示提示信息的对话框，要求输入密码，如不输入密码或密码输入错误，则以后每小时弹出一次对话框；如正确输入第一次试用期限的密码，则能正常工作，直到第二次试用期限到达；如直接输入最后期限的密码，则工程解锁，以后永远正常工作。第二次和第三次试用期限到达时的操作相同，但如密码输入错误，则退出运行。当到达最后试用期限时，如不输入密码或密码错误，MCGS 直接终止，退出运行。实际应用中，酌情使用本功能和提示信息的措辞，尽可能多给对方一些时间，多留一点余地。

注意：在运行环境中，直接按快捷键 Ctrl+Alt+P 弹出密码输入窗口，正确输入密码后，可以解锁工程运行期限的限制。

MCGS 工程试用期限的限制是和系统的软件狗配合使用的，简单地改变计算机的时钟改变不了功能的实现。“设置密码”按钮用来设置进入本窗口的密码。有时候，MCGS 组态环境和工程必须一起交给最终用户，该密码可用来保护本窗口中的设置，却又不影响最终用户使用 MCGS 系统。

二、任务实操

任务单——安全机制

公司名称	
部门	
项目描述	制作智能供水系统安全机制
分析安全需求	记录用户及用户组：

续表

定义用户及用户组	记录液位2报警设置： [1]选择工具菜单中的“用户权限管理”，打开用户管理器。缺省定义的用户、用户组分别为负责人、管理员组。 [2]单击用户组列表，进入用户组编辑状态。 [3]单击“新增用户组”按钮，弹出用户组属性设置对话框，进行如下设置： ●用户组名称：操作员组； ●用户组描述：成员仅能进行操作。 [4]单击“确认”，回到用户管理器窗口。 [5]单击用户列表域，单击“新增用户”按钮，弹出用户属性设置对话框，参数设置如下： ●用户名称：张工； ●用户描述：操作员； ●用户密码：123； ●确认密码：123； ●隶属用户组：操作员组。 [6]单击“确认”，回到用户管理器窗口。 [7]再次进入用户组编辑状态，双击“操作员组”，在用户组成员中选择“张工”。 [8]单击“确认”，再单击“退出”，退出用户管理器
系统权限管理	[1]进入主控窗口，选中“主控窗口”图标，单击“系统属性”按钮，进入主控窗口属性设置对话框。 [2]在基本属性页中，单击“权限设置”按钮。在许可用户组拥有此权限列表中，选择“操作员组”，确认，返回主控窗口属性设置对话框。 [3]在下方的选择框中选择“进入登录，退出不登录”，单击“确认”，系统权限设置完毕
操作权限管理	[1]进入水位控制窗口，双击水罐1对应的滑动输入器，进入滑动输入器构件属性设置对话框。 [2]单击下部的“权限”按钮，进入用户权限设置对话框。 [3]选中“操作员组”，确认，退出。 记录水罐2对应滑动输入器权限设置：

续表

保护工程文件	为了保护工程开发人员的劳动成果和利益，MCGS 嵌入版组态软件提供了工程运行“安全性”保护措施，包括：工程密码设置。 具体操作步骤： [1]回到 MCGSE 工作台，选择工具菜单“工程安全管理”中的“工程密码设置”选项，如下图所示： 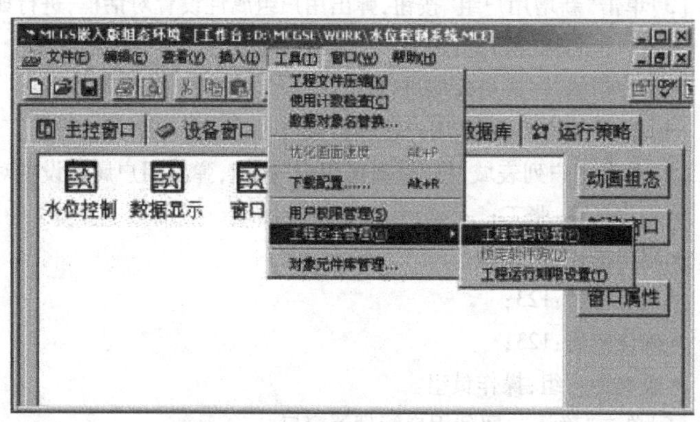 这时将弹出修改工程密码对话框，如下图所示： 修改工程密码 旧密码： 新密码： 确认新密码： 确认 取消 [2]在新密码、确认新密码输入框内输入：123。单击“确认”，工程密码设置完毕。 完成用户权限和工程密码设置后，我们可以测试一下 MCGS 的安全管理，首先我们关闭当前工程，重新打开工程“水位控制系统”，此时弹出一个对话框，如下图所示：  在这里输入工程密码：123，然后“确认”，打开工程
项目复盘	智能供水系统项目流程及总结：

续表

KPI 指标	工时:2 学时		难度权重:0.6
团队成员	电气工程师:	OP 手:	质检员:
完成时间	年　　月　　日		

三、任务评价

实验评价表

序号	评价项目	自我评价	组员互评	教师评价	综合评价
1	学习准备				
2	问题填写				
3	实验操作规范性				
4	实验完成质量				
5	5S 管理				
6	参与讨论主动性				
7	沟通协作				
8	展示汇报				

注:评价档次统一采用 A(优秀)、B(良好)、C(合格)、D(努力)4 个级别。

项目三 机器人工作站控制

【项目目标】

1. 会智能制造机器人工作控制；
2. 能完成 WINCC 触摸屏监控；
3. 能完成 MCGS 触摸屏监控；
4. 能完成 KINCO 触摸屏监控。

【项目任务】

<table>
<tr><td colspan="4" rowspan="2">OIS(作业指导书)与 WES(操作要素)</td><td>班组</td><td></td></tr>
<tr><td>作业内容</td><td>智能供水系统</td></tr>
<tr><td colspan="2">关键点标识</td><td colspan="4">安全　人机工程　关键操作　质量控制　防错</td></tr>
<tr><td>No.</td><td>操作顺序</td><td>品质特性及基准</td><td>操作要点</td><td>关键点</td><td>工具设备</td></tr>
<tr><td>※</td><td>设备点检</td><td>设备点检基准书</td><td>目视、触摸、操作</td><td>安全</td><td>电动机、变频器</td></tr>
<tr><td>1</td><td>智能制造虚拟仿真系统</td><td></td><td>目测、操作</td><td>质量控制</td><td></td></tr>
<tr><td>2</td><td>焊接工作站夹具控制</td><td></td><td>目测、操作</td><td>质量控制</td><td></td></tr>
<tr><td>3</td><td>喷涂工作站夹具控制</td><td></td><td></td><td></td><td></td></tr>
<tr><td>4</td><td>码垛工作站上料控制</td><td></td><td></td><td></td><td></td></tr>
<tr><td colspan="2">质量标准</td><td colspan="4">焊接工作站夹具控制要求
喷涂工作站夹具控制要求
码垛工作站上料控制要求</td></tr>
<tr><td colspan="2">突发质量问题处理流程</td><td colspan="4">OP手 → 报告监督员 → 报告工程师 → 报告质检科 → 报告经理 → 报告厂长</td></tr>
</table>

续表

保护用具	围裙　工作服　安全帽　劳保鞋　线手套　防切割手套 防护袖套　防护眼镜　防护面罩　耳塞　防尘口罩
5S 现场	整理、整顿、清扫、清洁、素养
思考问题	

任务一　智能制造虚拟仿真系统

一、知识储备

智能制造虚拟仿真实训基地基于汽车行业先进生产工艺流程进行实训任务的仿真设计与开发，内容覆盖机械制造与自动化、工业机器人技术、焊接技术与自动化、物联网应用技术、汽车制造与试验技术五大专业的教学内容，并实现线上教学与线上实训。基地选取汽车车身高速、高柔性智能焊装线，发动机缸体机械加工自动化生产线，汽车侧围高速自动化冲压线，汽车车身点焊工作站、汽车车身喷涂工作站、汽车底盘弧焊工作站、汽车零部件机械加工工作站，三线四站的数字孪生作为仿真实训的载体，开展工业机器人操作编程、工业机器人焊接应用、电气控制调试、数据采集监控、机器视觉检测、生产全过程控制、传感器应用调试等实训项目。

（一）生产线认知

1. 高速、高柔性智能焊装线

该线产品是车身，经过 5 台焊接机器人焊接后，借助产线输送系统的搬运机器人完成入库，如图 3-1 所示。车架是支撑车身的基础构件，发动机、变频器、转向器及车身部分都固定其上，它除了承受静载荷外还要承受汽车行驶时产生的动载荷，因此车架必须有足够的强度和刚度，以保证汽车在正常使用时在受到各种应力下不会破坏和变形，如图 3-2 所示。

▲图 3-1　高速、高柔性智能焊装线

▲图 3-2　汽车车架

2. 高速自动化冲压线

高速自动化冲压线加工的产品为汽车左侧翼子板，配置在车辆的车轮上方，作为车辆侧面的外板，并由树脂成形。翼子板由外板部和加强部组成，如图 3-3 所示。翼子板的作用是，在汽车行驶过程中，防止车轮卷起的砂石、泥浆溅到车厢的底部。因此，要求所使用的材料具有耐气候老化和良好的成型加工性，冲压线两台冲压机将板料冲压成型，如图 3-4 所示。

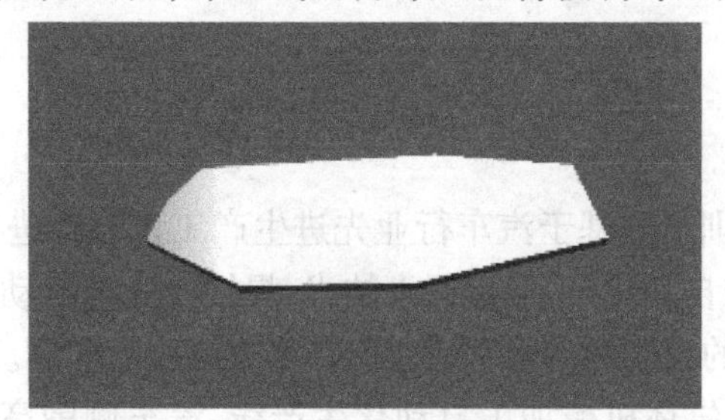

▲图 3-3　左侧翼子板

▲图 3-4　高速自动化冲压线

3. 发动机缸体机械加工自动化生产线

本条机械加线产品是发动机缸体。发动机是汽车最重要的组成部分，它的性能好坏直接决定汽车的行驶性能，故有汽车心脏之称。而缸体又是发动机的基础零部件，通过它把发动机的曲轴连杆机构和配气机构以及供油、润滑、冷却等系统连接成一个整体。缸体的加工质量直接影响发动机的性能，如图 3-5、图 3-6 所示。

▲图 3-5 发动机缸体

▲图 3-6 发动机缸体机械加工生产线

（二）仿真系统与博图软件通信

1. 打开 PLC 编程软件进行编程

西门子 PLC 编程软件为 TIA Portal V15，具体操作参见图 3-7，西门子 PLC 编程软件为 TIA Portal V15 操作（连接云端 PLC）。

（1）单击“打开项目视图”，修改设备组态，单击右侧“西门子 1200”，双击“设备组态”，双击“1”模块，将“DI 8/DQ 6”下的“IO 地址”组织块改为“无”。

（2）单击“脉冲发生器（PTO/PWM）”，选择“系统和时钟存储器”，勾选“启用时钟存储器字节”，将“时钟存储器字节的地址”改为 100，如图 3-8 所示。

（3）单击“防护与安全”，选择“连接机制”，勾选“允许来自远程对象的 PUT/GET 通信访问”，如图 3-9 所示。

（4）选中“西门子 1200”，右键选择“编译”中的“硬件（完全重建）”，如图 3-10 所示。

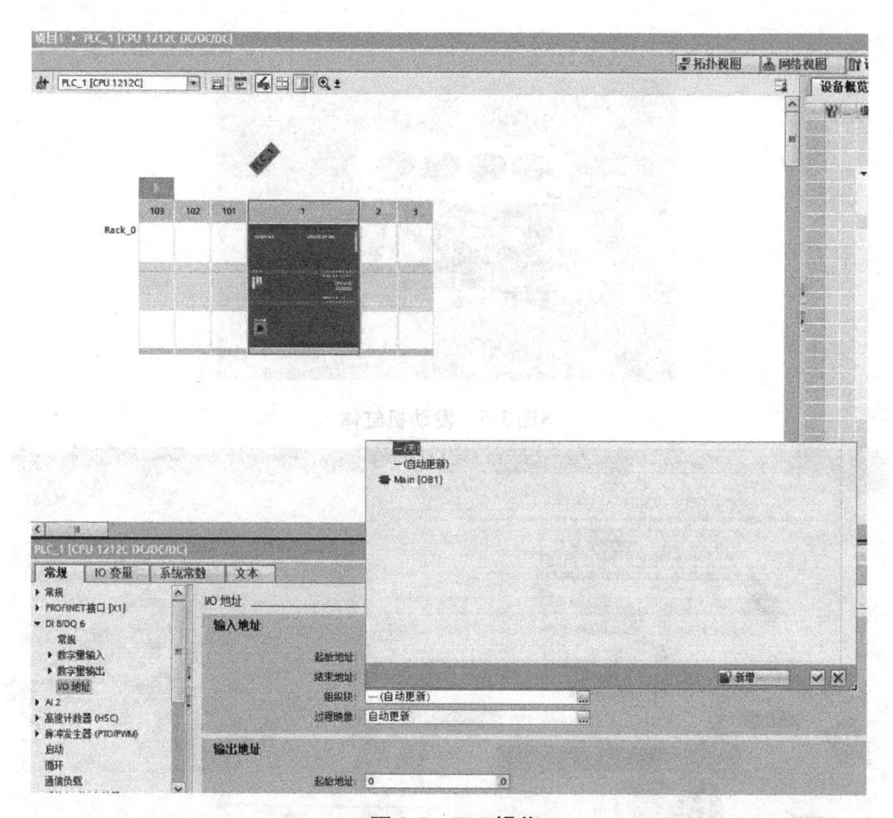

▲图 3-7　TIA 操作

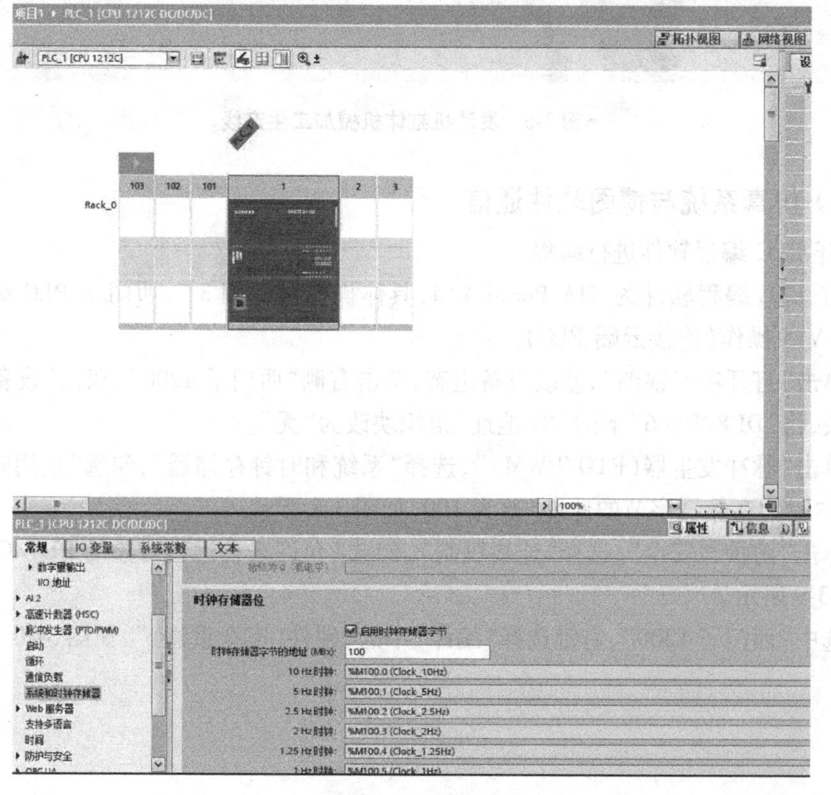

▲图 3-8　设置时钟

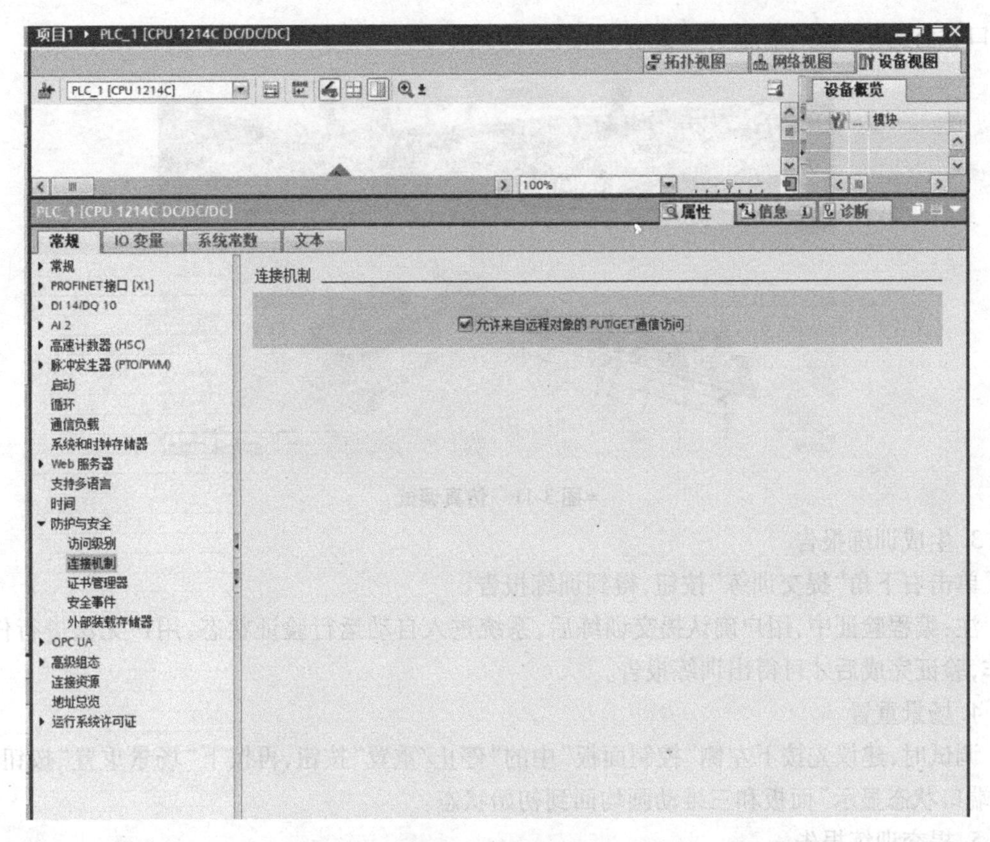

▲图 3-9　通信设置

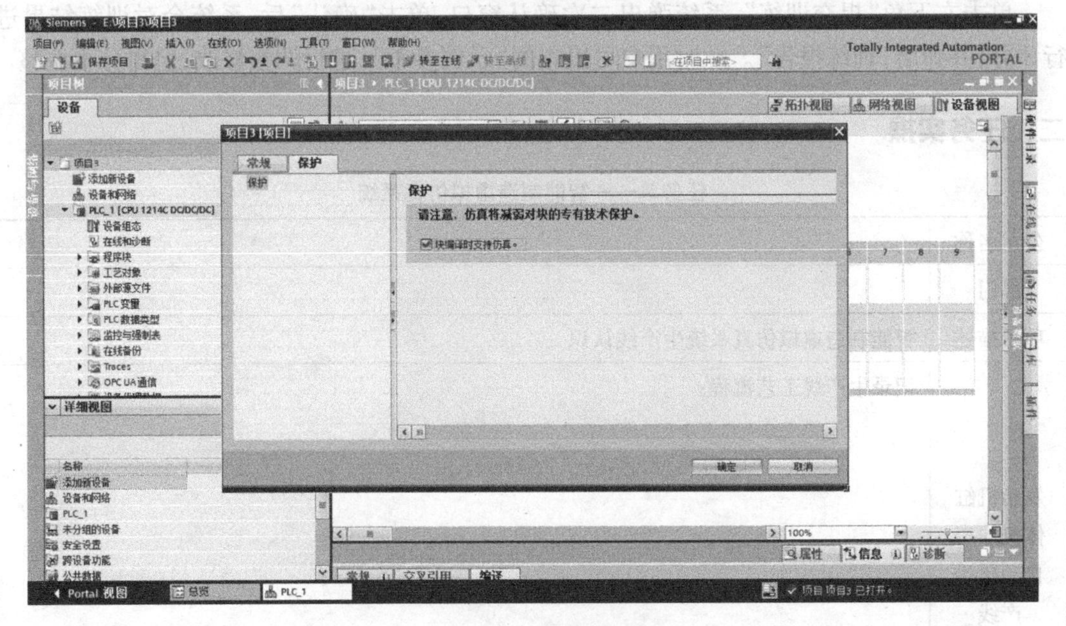

▲图 3-10　编译设置

(5)单击模拟器中的“RUN(R)”，即可在仿真场景中调试运行 PLC 程序。

2. 信息实时更新

成功写入程序后，单击左侧控制面板中的按钮，场景中的动画做出相应动作，同时右侧

“端口状态显示”栏的信息实时更新,如图 3-11 所示。

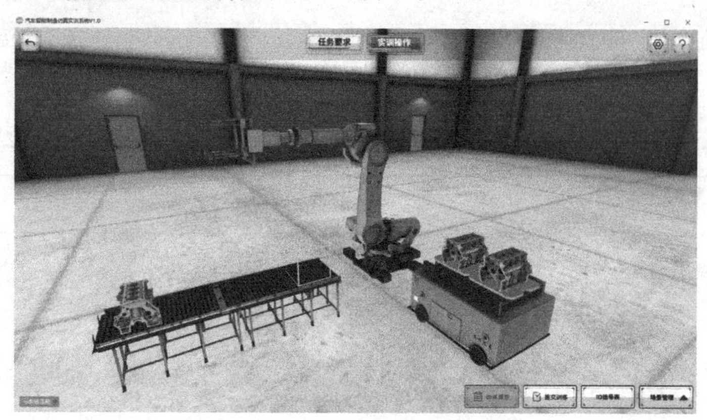

▲图 3-11 仿真调试

3. 生成训练报告

单击右下角“提交训练”按钮,得到训练报告。

注:编程验证中,用户确认提交训练后,系统进入自动运行验证状态,用户无法进行任何操作,验证完成后才可得出训练报告。

4. 场景重置

调试时,建议先按下左侧“控制面板”中的“停止/重置”按钮,再按下“场景重置”按钮,此时“端口状态显示”面板和三维动画均回到初始状态。

5. 提交训练报告

单击右下角“提交训练”,系统弹出二次确认窗口,单击“确认”后,系统会对训练结果进行评分,并弹出“训练报告”。此时用户可以查阅“示例参考”,进行调整修改,但得分不调整。

二、任务实操

任务单——智能制造虚拟仿真系统

公司名称	
部门	
项目描述	智能制造虚拟仿真系统生产线认识
发动机缸体机加工自动化生产线	记录生产线工艺流程:

续表

<table>
<tr><td>高速自动化冲压线整线</td><td colspan="3">记录生产线工艺流程：</td></tr>
<tr><td>高速、高柔性智能焊装线认知</td><td colspan="3">记录生产线工艺流程：</td></tr>
<tr><td>KPI 指标</td><td colspan="2">工时:2 学时</td><td>难度权重:0.6</td></tr>
<tr><td>团队成员</td><td>电气工程师：</td><td>OP 手：</td><td>质检员：</td></tr>
<tr><td>完成时间</td><td colspan="3">年　月　日</td></tr>
</table>

三、任务评价

实验评价表

序号	评价项目	自我评价	组员互评	教师评价	综合评价
1	学习准备				
2	问题填写				
3	实验操作规范性				
4	实验完成质量				
5	5S 管理				
6	参与讨论主动性				
7	沟通协作				
8	展示汇报				

注：评价档次统一采用 A(优秀)、B(良好)、C(合格)、D(努力)4 个级别。

任务二 焊接工作站夹具控制

一、知识储备

（一）设备窗口组态

设备窗口是 MCGS 系统与作为测控对象的外部设备建立联系的后台作业环境，负责驱动外部设备、控制外部设备的工作状态。系统通过设备与数据之间的通道，把外部设备的运行数据采集进来，送入实时数据库，供系统其他部分调用，并且把实时数据库中的数据输出到外部设备，实现对外部设备的操作与控制。

设备窗口是 MCGS 系统的重要组成部分，在设备窗口中建立系统与外部硬件设备的连接关系，使系统能够从外部设备读取数据并控制外部设备的工作状态，实现对工业过程的实时监控。

设备窗口专门用来放置不同类型和功能的设备构件，实现对外部设备的操作和控制。设备窗口通过设备构件把外部设备的数据采集进来，送入实时数据库，或把实时数据库中的数据输出到外部设备。

（二）设备构件选择

设备构件是 MCGS 系统对外部设备实施设备驱动的中间媒介，通过建立的数据通道，在实时数据库与测控对象之间实现数据交换，达到对外部设备的工作状态进行实时检测与控制的目的。

MCGS 为用户提供了多种类型的“设备构件”，作为系统与外部设备进行联系的媒介。进入设备窗口，从设备构件工具箱里选择相应的构件，配置到窗口内，建立接口与通道的连接关系，设置相关的属性，即完成了设备窗口的组态工作。

MCGS 系统内部设立有“设备工具箱”，工具箱内提供了与常用硬件设备匹配的设备构件。在设备窗口内配置设备构件的操作方法是：

(1)选择工作台窗口中的“设备窗口”标签，进入设备窗口页。

(2)用鼠标双击设备窗口图标或单击“设备组态”按钮，打开设备组态窗口。

(3)单击工具条中的“工具箱”按钮，打开设备工具箱。

(4)观察所需的设备是否显示在设备工具箱内，如果所需设备没有出现，请用鼠标单击“设备管理”按钮，在弹出的设备管理对话框中选定所需的设备。

(5)用鼠标双击设备工具箱内对应的设备构件，或选择设备构件后，鼠标单击设备窗口，将选中的设备构件设置到设备窗口内。

(6)对设备构件的属性进行正确设置。

MCGS 设备工具箱内一般只列出工程所需的设备构件，方便工程使用，如果需要在工具箱中添加新的设备构件，可用鼠标单击工具箱上部的“设备管理”按钮，弹出设备管理窗口，设备窗口的“可选设备”栏内列出了已经完成登记的、系统目前支持的所有设备，找到需要添加的设备构件,选中它,双击鼠标,或者单击“增加”按钮,该设备构件就添加到右侧的“选定设备”栏中。选定设备栏中的设备构件就是设备工具箱中的设备构件。如果我们将自己定制的新构件完成登记,添加到设备窗口,也可以用同样的方法将它添加到设备工具箱中。

(三)设备构件的属性设置

在设备窗口内配置了设备构件之后,接着应根据外部设备的类型和性能,设置设备构件的属性。不同的硬件设备,属性内容大不相同,但对大多数硬件设备而言,其对应的设备构件应包括如下各项组态操作:

(1)设置设备构件的基本属性。

(2)建立设备通道和实时数据库之间的连接。

(3)设备通道数据处理内容的设置。

(4)硬件设备的调试。

在设备组态窗口内,选择设备构件,单击工具条中的“属性”按钮或者执行“编辑”菜单中的“属性”命令,或者使用鼠标双击该设备构件,即可打开选中构件的属性设置窗口,如图3-12所示。该窗口中有4个属性页,即基本属性、通道连接、设备调试和数据处理等,需要分别设置。

设备属性设置: -- [设备1]

基本属性 | 通道连接 | 设备调试 | 数据处理

设备属性名	设备属性值
[内部属性]	设置设备内部属性
[在线帮助]	查看设备在线帮助
设备名称	设备1
设备注释	研华_PCI1710HG
初始工作状态	1 - 启动
最小采集周期[ms]	1000
IO基地址[16进制]	0
计数器模式	0 - 计数器
计数器初始值	0
脉冲模式	0 - NoGating
AD输入模式	0 - 单端输入
DA0输出量程	0 - 0～5V

检查[K]　确认[Y]　取消[C]　帮助[H]

▲图3-12　设备连接

1. 基本属性

MCGS中,设备构件的基本属性分为两类,一类是各种设备构件共有的属性,有设备名称、设备内容注释、运行时设备初始工作状态、最小数据采集周期;另一类是每种构件特有的属性,如研华PCI1710HG数据采集卡的特有的属性有AD输入模式、DA0输出量程等。

大多数设备构件的属性在基本属性页中就可完成设置,而有些设备构件的一些属性无法在基本属性页中设置,需要在设备构件内部的属性页中去设置,MCGS把这些属性称为设备内部属性。

在基本属性页中,单击“内部属性”对应的按钮,即可弹出对应的内部属性设置对话框(如没有内部属性,则无对话框弹出)。

初始工作状态是指进入MCGS运行环境时,设备构件的初始工作状态。设为“启动”时,设备构件自动开始工作；设为“停止”时，设备构件处于非工作状态，需要在系统的其他地方（如运行策略中的设备操作构件内）启动设备开始工作。

在 MCGS 中，系统对设备构件的读写操作是按一定的时间周期来进行的，“最小采集周期”是指系统操作设备构件的最快时间周期。运行时，设备窗口用一个独立的线程来管理和调度设备构件的工作，在系统的后台按照设定的采集周期，定时驱动设备构件采集和处理数据，因此设备采集任务将以较高的优先级执行，得以保证数据采集的实时性和严格的同步要求。实际应用中，可根据需要对设备的不同通道设置不同的采集或处理周期。

2. 通道连接

MCGS 设备中包含有一个或多个用来读取或者输出数据的物理通道，如图 3-13 所示。

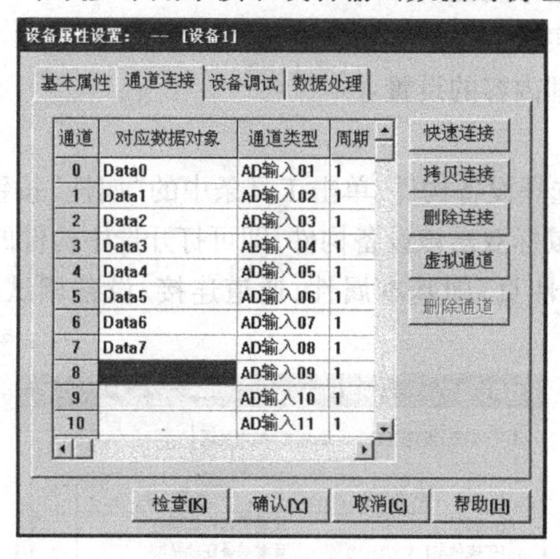

▲图 3-13 通道设置

MCGS 把这样的物理通道称为设备通道，例如模拟量输入装置的输入通道、模拟量输出装置的输出通道、开关量输入输出装置的输入输出通道等，这些都是设备通道。

设备通道只是数据交换用的通路，而数据输入哪儿和从哪儿读取数据以供输出，即进行数据交换的对象，则必须由用户指定和配置。

实时数据库是 MCGS 的核心，各部分之间的数据交换均须通过实时数据库。因此，所有的设备通道都必须与实时数据库连接。所谓通道连接，即是由用户指定设备通道与数据对象之间的对应关系，这是设备组态的一项重要工作。如不进行通道连接组态，则 MCGS 无法对设备进行操作。

在实际应用中，开始可能并不知道系统所采用的硬件设备，可以利用 MCGS 系统的设备无关性，先在实时数据库中定义需要的数据对象，组态完成整个应用系统，在最后的调试阶段，再把所需的硬件设备接上，进行设备窗口的组态，建立设备通道和对应数据对象的连接。

一般说来，设备构件的每个设备通道及其输入或输出数据的类型都是由硬件本身决定的，所以连接时，连接的设备通道与对应的数据对象的类型必须匹配，否则连接无效。

如图 3-14 所示，单击“快速连接”按钮，弹出“快速连接”对话框，可以快速建立一组设备通道和数据对象之间的连接；单击“拷贝连接”按钮，可以把当前选中的通道所建立的连接复制到下一通道，但对数据对象的名称进行索引增加；单击“删除连接”按钮，可删除当前选中的通道已建立的连接或删除指定的虚拟通道。

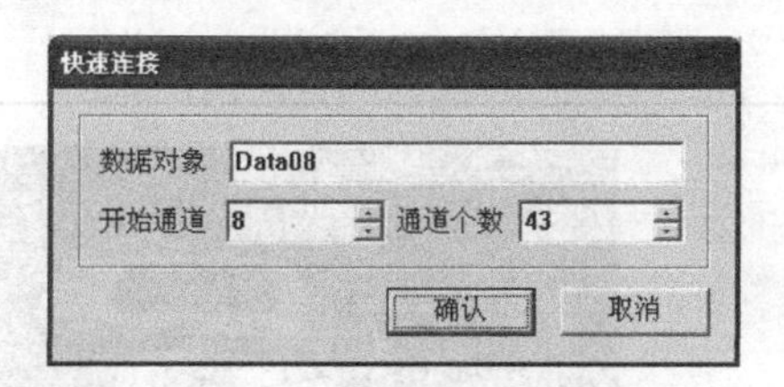

▲图 3-14　快速连接

在 MCGS 对设备构件进行操作时，不同通道可使用不同的处理周期。通道处理周期是基本属性页中设置的最小采集周期的倍数，如设为 0，则不对对应的设备通道进行处理。为提高处理速度，建议把不需要的设备通道的处理周期设置为 0。

3. 设备调试

在设备组态的过程中，使用设备调试窗口能很方便地对设备进行调试，以检查设备组态设置是否正确、硬件是否处于正常工作状态，同时，在有些设备调试窗口中，可以直接对设备进行控制和操作，方便设计人员对整个系统的检查和调试。

在通道值一列中，对输入通道显示的是经过数据转换处理后的最终结果值，如图 3-15 所示。

设备属性设置：-- [设备1]

基本属性　通道连接　设备调试　数据处理

通道号	对应数据对象	通道值	通道类型
*0	Data00	0.0	AD输入01
*1	Data01	0.0	AD输入02
*2	Data02	0.0	AD输入03
*3	Data03	0.0	AD输入04
*4	Data04	0.0	AD输入05
*5	Data05	0.0	AD输入06
*6	Data06	0.0	AD输入07
*7	Data07	0.0	AD输入08
*8	Data08	0.0	AD输入09
*9	Data09	0.0	AD输入10
*10	Data10	0.0	AD输入11
*11	Data11	0.0	AD输入12

检查(K)　确认(Y)　取消(C)　帮助(H)

▲图 3-15　通道显示

对输出通道，可以给对应的通道输入指定的值，经过设定的数据转换内容后，输出到外部设备。

二、任务实操

任务单——点焊工作站夹具控制

公司名称	
部门	
项目描述	点焊工作站的产品为完成点焊作业的车身。点焊的间距与数量对车身的刚性与行驶的舒适性都有一定影响，可达到补强结构，分散受力点的作用，过于密集则会使车体过硬而失去弹性

续表

项目描述	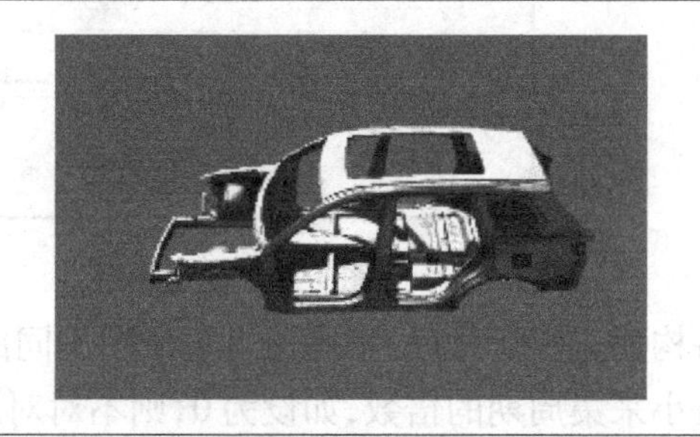
控制要求	点焊工作站由一台发那科机器人(型号为 R-2000ic/210F)、车身、车型料架、围栏组成,主要用于对车身进行点焊作业,具体控制要求如下: (1)接收到车身到位信号后,定位装置启动执行定位作业; (2)定位装置执行到位后,等待 1 s,点焊机器人开始进行点焊作业; (3)机器人点焊作业完成后会发出点焊完成信号,同时将开始点焊信号置为 0。 设计工作站组态界面: (1)可通过 MCGS 组态软件的开始按钮,实现机器人点焊作业控制; (2)可通过 MCGS 组态工程,实现点焊机器人运行/停止的运行状态实时监控 
仿真系统 I/O 口分配	记录 I/O 口分配:
MCGS 画面制作	记录 MCGS 画面及数据:

续表

<table>
<tr><td>博图程序编写</td><td>记录博图程序：</td></tr>
<tr><td>博图与MCGS联合仿真</td><td>1.设置
(1)在博图中选择S7-1500PLC新建工程，在属性中修改IP地址为192.168.0.5，如下图所示。
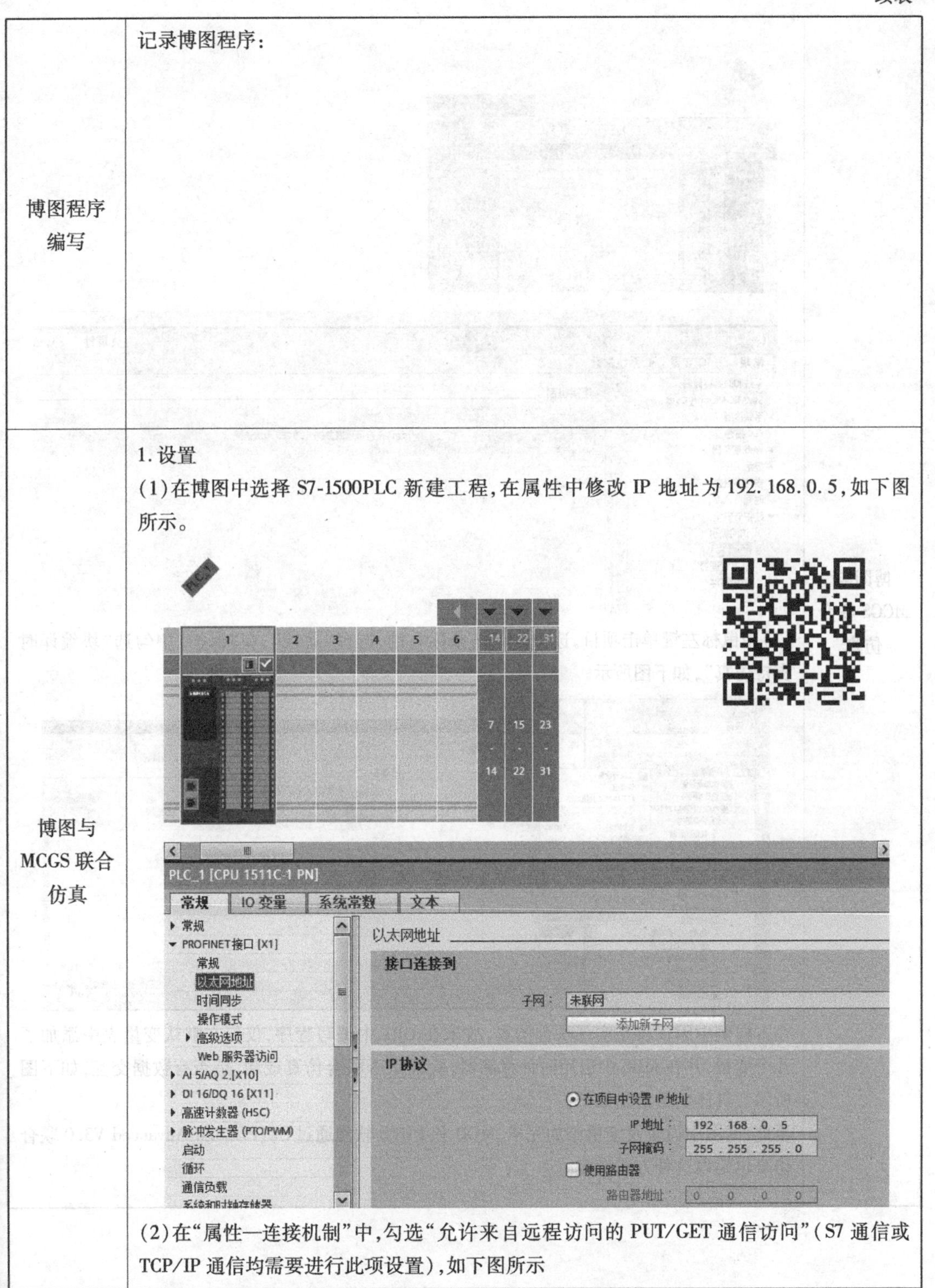
</td></tr>
<tr><td></td><td>(2)在“属性—连接机制”中，勾选“允许来自远程访问的PUT/GET通信访问”(S7通信或TCP/IP通信均需要进行此项设置)，如下图所示</td></tr>
</table>

续表

<table>
<tr>
<td>博图与MCGS联合仿真</td>
<td>
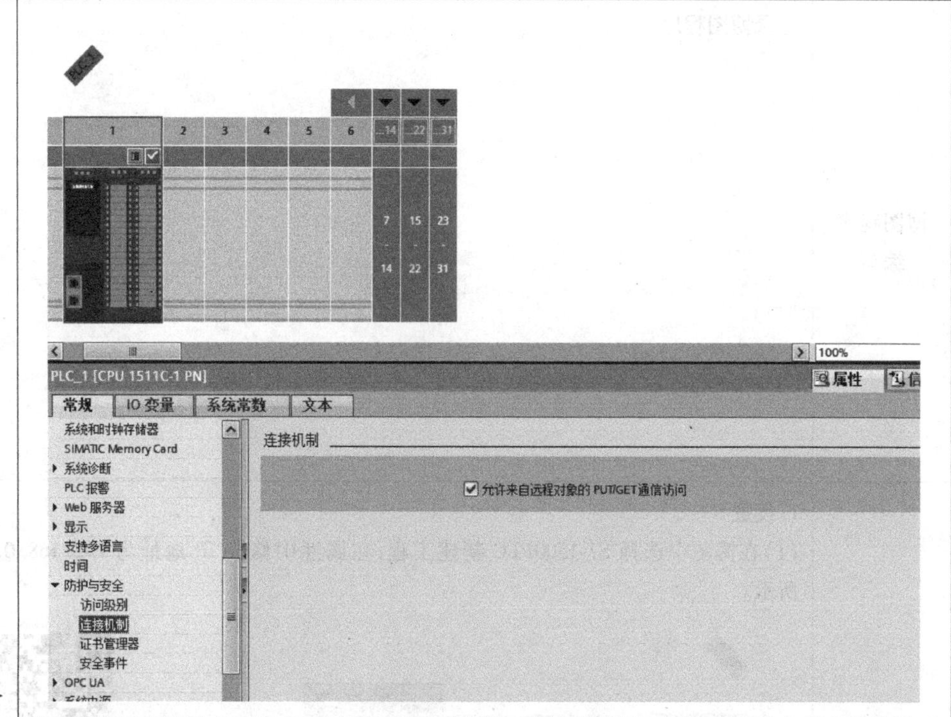

(3)用鼠标左键单击项目,选中后单击鼠标右键,选择“属性”,在“保护”中勾选“块编译时支持仿真”,如下图所示。
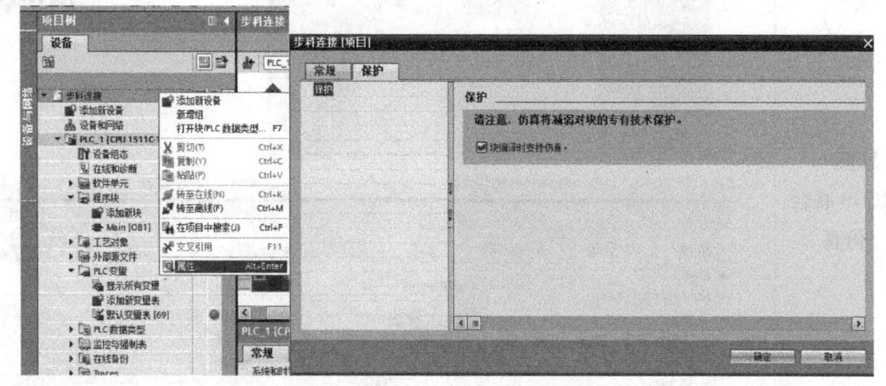

在本样例中因仅仅是实现联合仿真,故未在 OB1 中编写程序,仅仅在默认变量表中添加了几个变量,并在 MB0 中启用时钟存储器,验证是否联合仿真成功、是否有数据交互,如下图所示。具体变量情况如下:
至此,博图中设置及变量添加完毕,MCD 和 PDPS 软件通过 S7-PLCSIM Advanced V3.0 联合仿真也是以这种方式设置。
</td>
</tr>
</table>

续表

博图与MCGS联合仿真

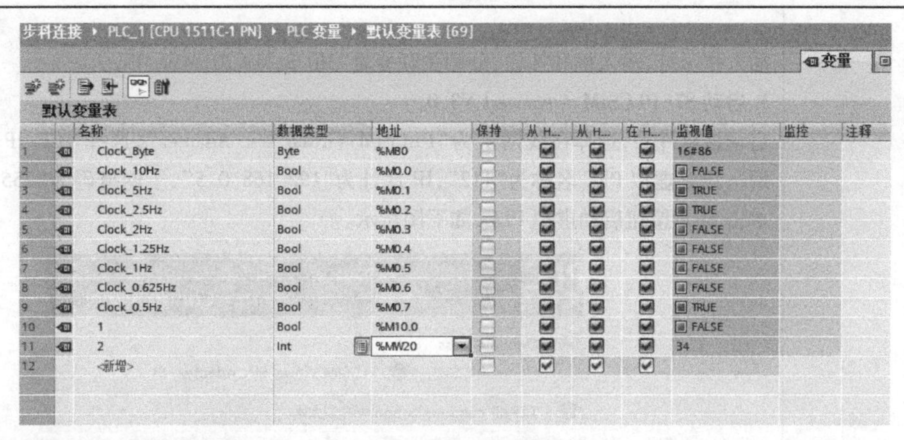

步科连接 ▸ PLC_1 [CPU 1511C-1 PN] ▸ PLC 变量 ▸ 默认变量表 [69]

默认变量表

	名称	数据类型	地址	保持	从 H...	从 H...	在 H...	监视值	监控	注释
1	Clock_Byte	Byte	%MB0		☑	☑	☑	16#86		
2	Clock_10Hz	Bool	%M0.0		☑	☑	☑	FALSE		
3	Clock_5Hz	Bool	%M0.1		☑	☑	☑	TRUE		
4	Clock_2.5Hz	Bool	%M0.2		☑	☑	☑	TRUE		
5	Clock_2Hz	Bool	%M0.3		☑	☑	☑	FALSE		
6	Clock_1.25Hz	Bool	%M0.4		☑	☑	☑	FALSE		
7	Clock_1Hz	Bool	%M0.5		☑	☑	☑	FALSE		
8	Clock_0.625Hz	Bool	%M0.6		☑	☑	☑	FALSE		
9	Clock_0.5Hz	Bool	%M0.7		☑	☑	☑	TRUE		
10	1	Bool	%M10.0		☑	☑	☑	FALSE		
11	2	Int	%MW20		☑	☑	☑	34		
12	<新增>				☑	☑	☑			

2. MCGS 嵌入版组态软件

在组态软件设备窗口中添加“Siemens_1200”(具体添加方法本次不再赘述),如下图所示。

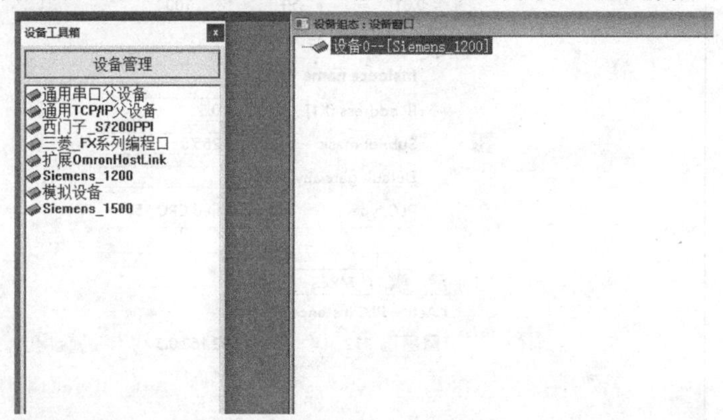

进入刚添加的设备0(1200),设置本地和远端IP地址分别为“192.168.0.20”“192.168.0.5”(注意:此处远端IP要与博图PLC设置的IP地址一致,同时不要有IP冲突的情况),如下图所示。

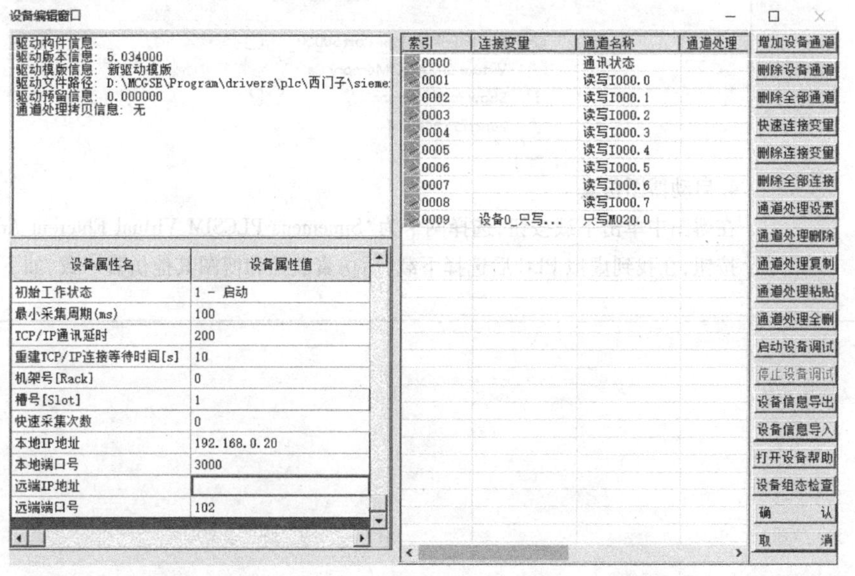

设备属性名	设备属性值
初始工作状态	1 - 启动
最小采集周期(ms)	100
TCP/IP通讯延时	200
重建TCP/IP连接等待时间[s]	10
机架号[Rack]	0
槽号[Slot]	1
快速采集次数	0
本地IP地址	192.168.0.20
本地端口号	3000
远端IP地址	
远端端口号	102

索引	连接变量	通道名称	通道处理
0000		通讯状态	
0001		读写I000.0	
0002		读写I000.1	
0003		读写I000.2	
0004		读写I000.3	
0005		读写I000.4	
0006		读写I000.5	
0007		读写I000.6	
0008		读写I000.7	
0009	设备0_只写...	只写M020.0	

续表

博图与MCGS联合仿真	插入指示灯、输入框和按钮，分别关联变量“M0.5、MW20、M10.0”。 3. 启动 S7-PLCSIM Advanced V3.0 启动该软件后，选择在线网卡为“PLCSIM Virtual Eht. Adapter”，选择 TCP/IP 连接为“以太网”，设置虚拟 PLC 名称为“112”，IP 地址为“192.168.0.5”，子网掩码为“255.255.255.0”，单击 Start 按钮启动虚拟 PLC，如下图所示。 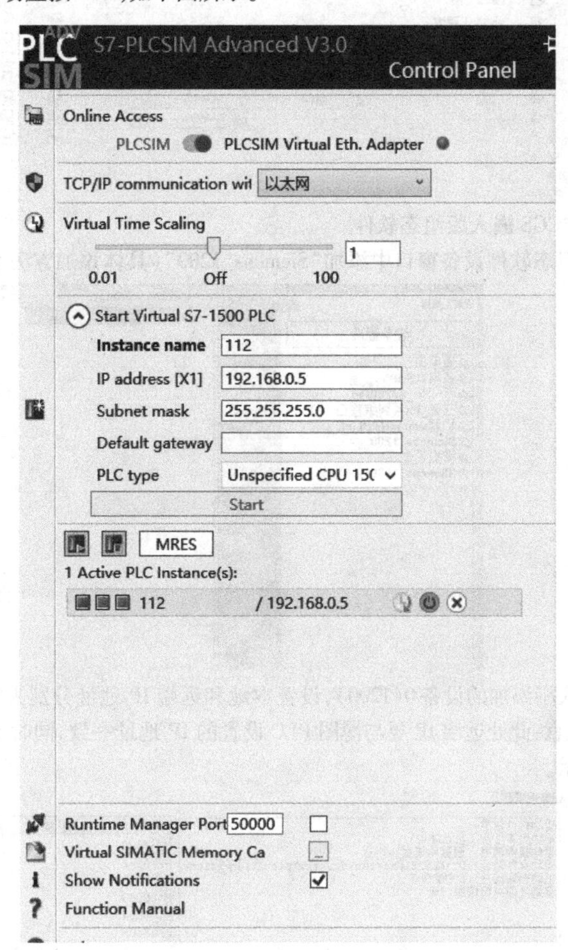 4. 启动博图仿真 在博图中单击下载按钮，选择网卡为“Simemens PLCSIM Virtual Ehterent Adapter”，单击搜索按钮，在找到虚拟 PLC 后选择下载，后仿真监控和博图其他仿真一致，如下图所示。

续表

<table>
<tr><td>博图与MCGS联合仿真</td><td>
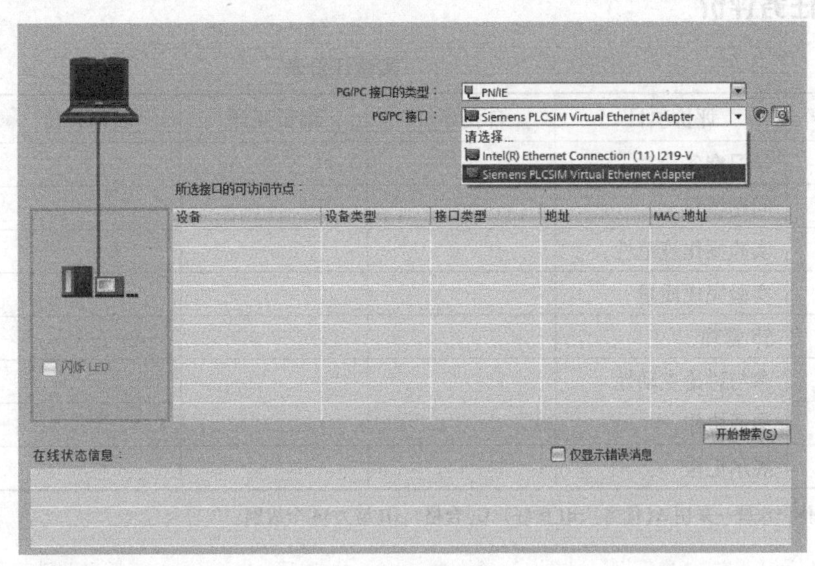

5. 启动 MCGS 组态软件仿真
MCGS 组态软件仿真与平常项目启动仿真一致，在单击下载按钮后，选择模拟运行—单击工程下载，下载完成后，单击启动允许，开始仿真，如下图所示。
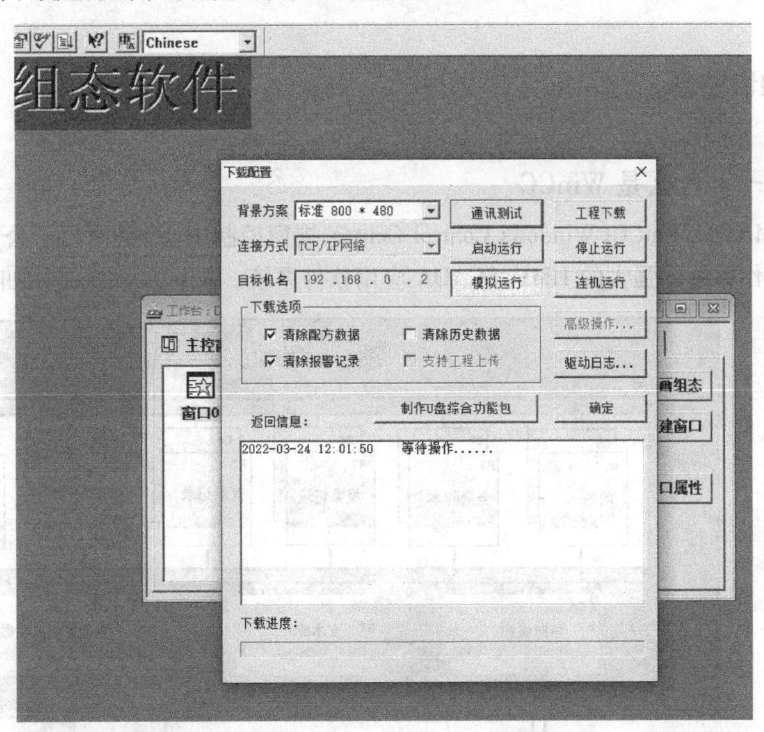

</td></tr>
</table>

KPI 指标	工时:2 学时		难度权重:0.6
团队成员	电气工程师:	OP 手:	质检员:
完成时间	年　　月　　日		

三、任务评价

实验评价表

序号	评价项目	自我评价	组员互评	教师评价	综合评价
1	学习准备				
2	问题填写				
3	实验操作规范性				
4	实验完成质量				
5	5S 管理				
6	参与讨论主动性				
7	沟通协作				
8	展示汇报				

注:评价档次统一采用 A(优秀)、B(良好)、C(合格)、D(努力)4 个级别。

任务三 喷涂工作站夹具控制要求

一、知识储备

(一)什么是 WinCC

SIMATIC WinCC(Windows Control Center,视窗控制中心)是西门子公司提供的基于 Windows 操作系统的强大的 HMI/ SCADA 应用软件系统。WinCC 系统结构如图 3-16 所示。

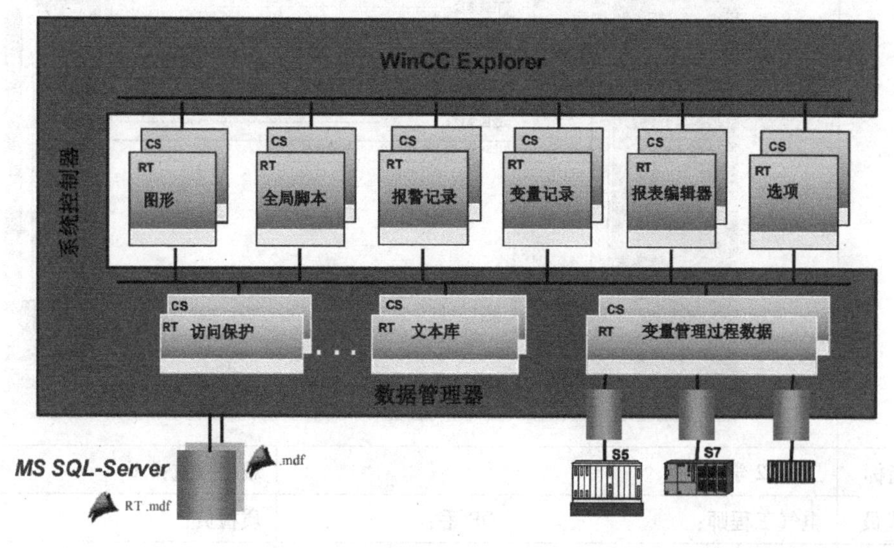

▲图 3-16 WinCC 结构

WinCC 的性能特点:①一种全局解决方案,即多语言—所有工业领域—HMI 平台;②有 SCADA 功能;③便捷高效的组态;④一致性延展,包括 Web;⑤易于集成的开放式标准;⑥集成 Historian Historian,作为 IT 及商务集成的平台;⑦应用选件和附加件的可扩展性能;⑧全集成自动化(TIA)的组成部分。

安装 WinCC 的基本要求:对于按照要求安装好的或者默认的 Windows 操作系统,避免对系统做出如下更改:①控制面板中的进程和服务的改动;②Windows 任务管理器中的改动;③Windows 注册表中的改动;④Windows Windows 安全策略中的改动。安装 WinCC 软件前,首先检查以下各项是否满足条件:①操作系统;②用户权限;③图形分辨率;④Internet Explorer;⑤MS 消息队列;⑥SQL Server;⑦预定的完全重启(冷重启)。

(二)TIA 中创建 WinCC 项目

组态一个新的面板项目:

(1)在 Portal 视图中,选择“创建新项目”,选择项目存放路径,为新项目命名为“HMIFirst”,然后单击“创建”,如图 3-17(a)所示。

(2)在 Portal 视图中,选择“设备与网络”,如图 3-17(b)所示。

(3)选择“HMI”。

(4)选择“TP700”,并命名为“myTP700”。

(5)选择“启用设备向导”,然后单击“添加”。

(6)建立到控制器的连接。

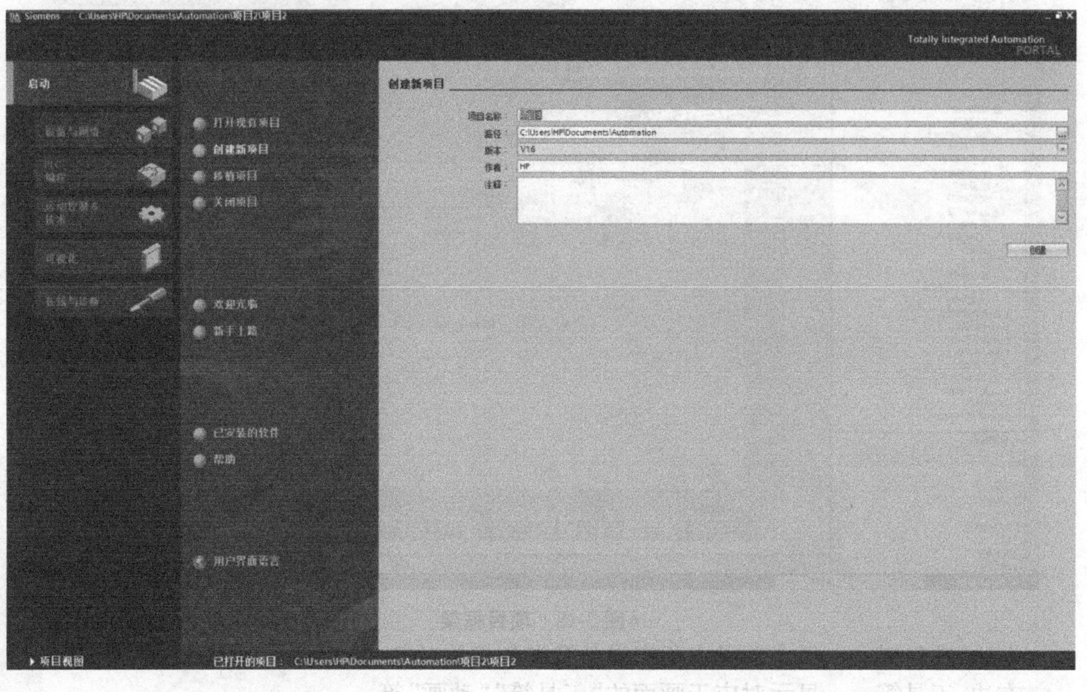

(a)

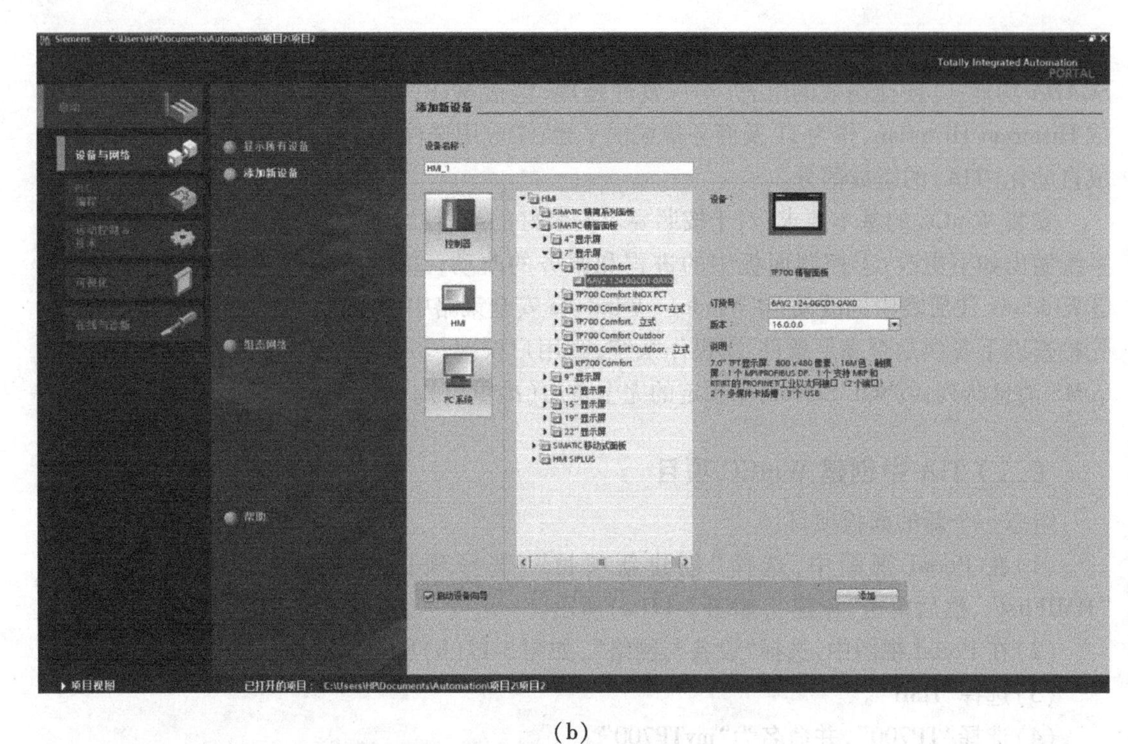

(b)

▲图 3-17　创建新项目

生成所希望的项目框架，如图 3-18 所示。

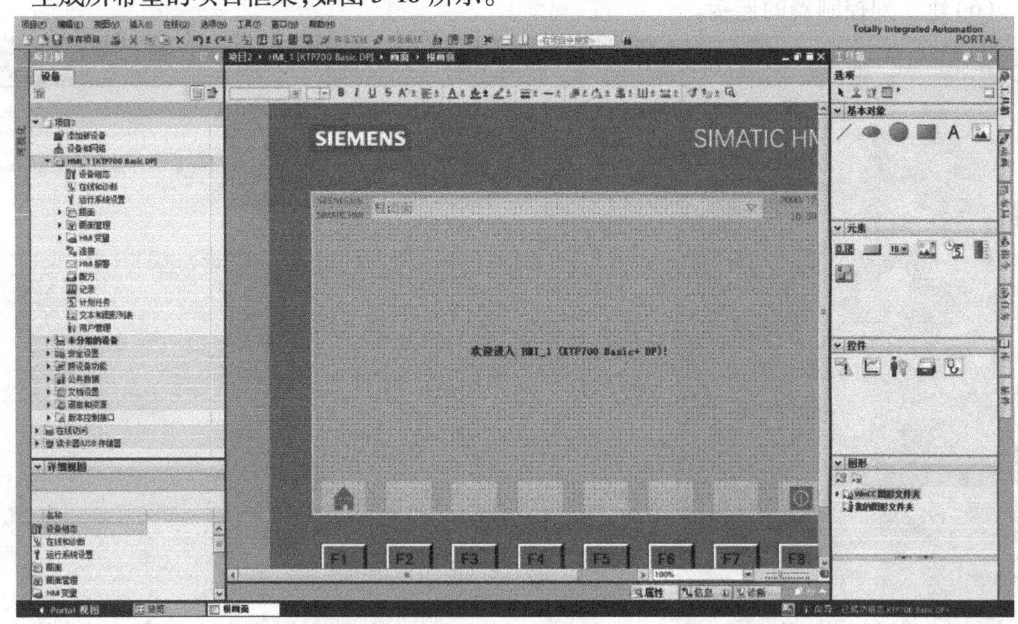

▲图 3-18　项目框架

左边：项目树——显示项目中所有设备及设备相关对象，如“画面”“HMI 变量”等；
右边：工具箱——显示对应于画面的“工具箱”“动画”等；
下边：巡视窗口。
其他添加新设备的方式，如图 3-19 所示。
(1) 切换到“项目视图”；

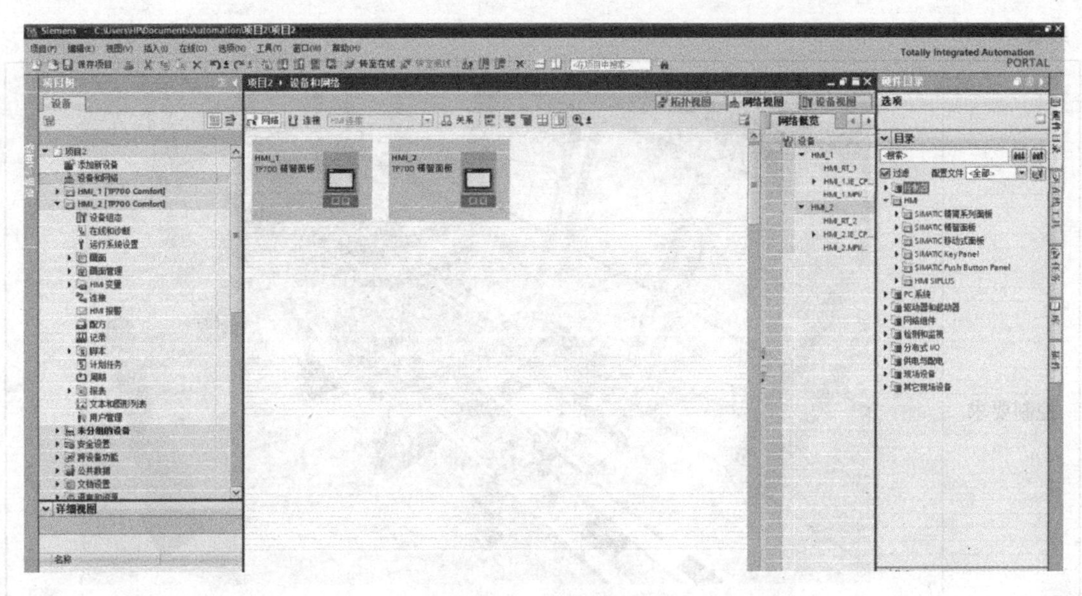

▲图 3-19　添加新设备

(2)双击“添加新设备”,步骤同上;

(3)双击“设备和网络”打开网络视图;

(4)从右边硬件目录中找到“TP700”,通过拖拽方式将设备放置到网络视图中;

(5)将设备名称命名为“myTP700”;

(6)项目进行当中也可以通过“更改设备类型”按钮更改设备的类型。

二、任务实操

任务单——喷涂工作站夹具控制

公司名称	
部门	
项目描述	喷涂工作站夹具控制:喷涂工作站的产品为完成喷涂作业的车身。通过喷涂机器人对车身进行喷涂,除了使车身显得美观大方,还可以达到保护汽车的效果
控制要求	喷涂工作站主要由 1 台喷涂机器人、辊道线、定位装置组成,用于将车身定位固定并进行喷涂作业。需实现以下控制要求: (1)当接收到定位装置启动信号时,定位气缸伸出; (2)定位装置伸出到位后,机器人开始进行喷涂作业; (3)等待机器人喷涂作业完成后,定位装置缩回至初始位置,并复位机器人喷涂信号

续表

控制要求	 设计喷涂工作站组态界面： (1)可通过 WinCC 组态软件的启动按钮,实现喷涂工作站开始作业的控制； (2)可通过 WinCC 组态工程,实现定位装置伸出/缩回、喷涂机器人运行/停止的运行状态实时监控
仿真系统 I/O 口分配	记录 I/O 口分配：
WinCC 画面制作	
博图程序编写	记录博图程序：

续表

WinCC 与 PLC 联合仿真			
KPI 指标	工时:2 学时		难度权重:0.6
团队成员	电气工程师:	OP 手:	质检员:
完成时间	年　月　日		

三、任务评价

实验评价表

序号	评价项目	自我评价	组员互评	教师评价	综合评价
1	学习准备				
2	问题填写				
3	实验操作规范性				
4	实验完成质量				
5	5S 管理				
6	参与讨论主动性				
7	沟通协作				
8	展示汇报				

注:评价档次统一采用 A(优秀)、B(良好)、C(合格)、D(努力)4 个级别。

任务四　码垛工作站上料控制

一、知识储备

Kinco DTools 组态编辑软件(以下简称“Kinco DTools”)是上海步科自动化股份有限公司 Kinco Automation (Shanghai) Ltd.(以下简称“步科”“Kinco”)为 Green 系列、FutureHMI 开发的专用人机界面组态编辑软件。该软件为用户提供了一个强大的集成开发环境。产品广泛应用于医疗、化工、电力、印刷、纺织、食品、国防和工程机械、智能家居、高速铁路等各领域。

（一）Kinco DTools 使用步骤

Kinco DTools 使用步骤如图 3-20 所示。

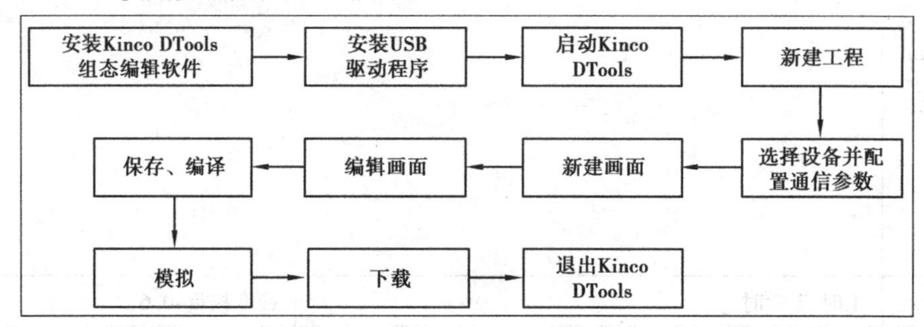

▲图 3-20 使用步骤

（二）Kinco DTools 的启动

Kinco DTools 的启动有两种方法：

方法 1：从“开始”菜单中启动“开始”—“所有程序”—“Kinco”—“Kinco DTools”—“Kinco DTools”。

方法 2：双击桌面 Kinco DTools 快捷方式首次启动 Kinco DTools 时，将显示在如图 3-21 所示的窗口界面。

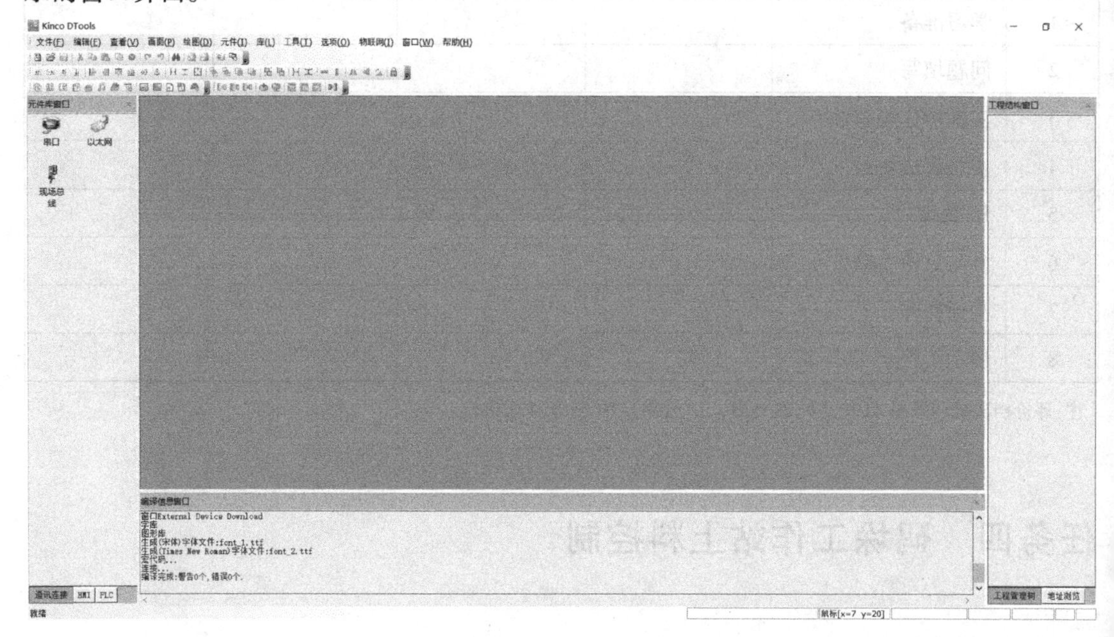

▲图 3-21 Kinco 窗口

本任务以某火电厂中和池 pH 值控制系统为例描述使用 Kinco DTools 制作组态工程的过程。工程现场要求中和池 pH 值控制系统具有自动控制模式和手动控制模式，如图 3-22 所示。

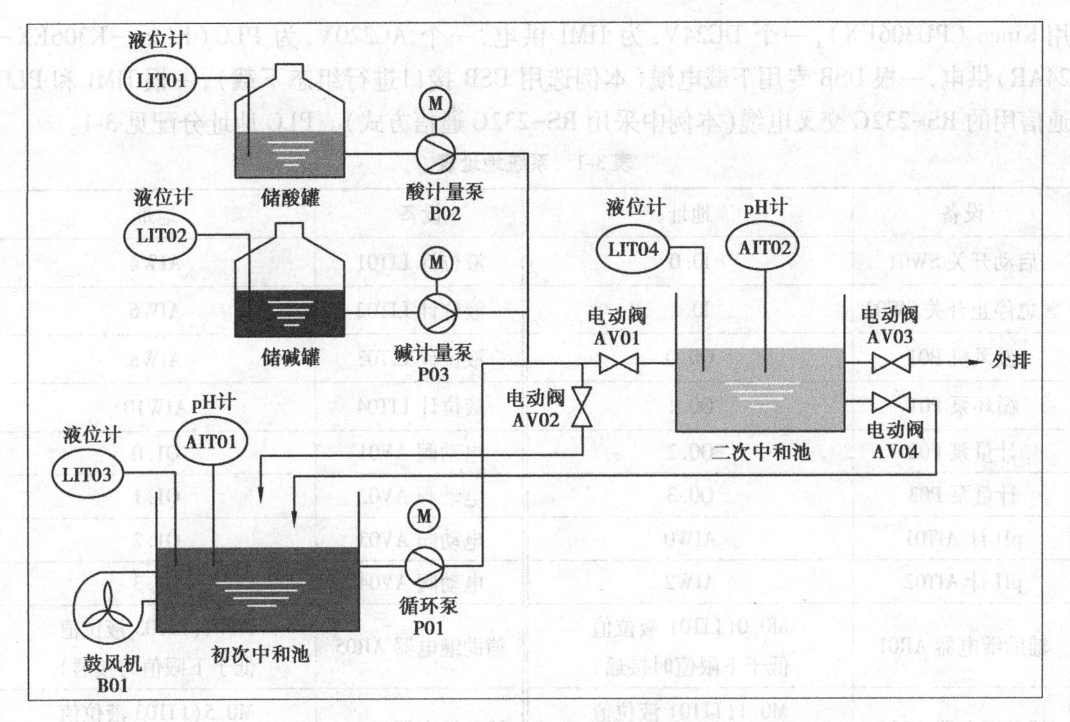

▲图 3-22　某火电厂中和池 pH 值控制系统

在全自动控制模式下，按“启动”按钮后，系统自动检测初次中和池中的水位，当液位计 LIT03 检测到水位达到预定的高度时，进入自动循环处理过程：关闭电动阀 AV01，打开电动阀 AV02，并启动鼓风机 B01 和循环泵 P01。搅拌均匀后根据 pH 计 AIT01 的检测值判断是启动酸计量泵 P02 还是启动碱计量泵 P03。当 AIT01 检测到 pH 值满足排放标准（6≤pH≤9）时，则停止 P02 或 P03，同时打开电动阀 AV01，并关闭电动阀 AV02，将合格水排至二次中和池。此时若二次中和池的液位计 LIT04 检测到的水位达到预定高度，则自动检测 pH 计 AIT02 的 pH 值：若满足 6≤pH≤9，则关闭电动阀 AV04，并打开电动阀 AV03，将水排放到 LIT04，检测到的水位低于下限水位时关闭 AV03；若不满足排放要求，则关闭电动阀 AV03，打开电动阀 AV04，继续处理。当检测到初次中和池水位低于下限水位时，则停止鼓风机 B01 和循环泵 P01，该批次处理完成；等到初次中和池水位上升到预定高度时，则进行下一批次处理。在循环处理过程中，液位计 LIT01 和 LIT02 实时监控储酸罐和储碱罐的液位，如低于下限液位则给出报警信息。在手动控制模式下，每个批次处理环节不是根据中和池的水位触发的，而是根据 AIT01 和 AIT02 的值单独对每个批次处理环节进行手动启动。

（三）系统分析

根据工程需求，可采用上位机、PLC 和检测仪表等构建该控制系统。23Kinco DTools 组态编辑软件 PLC 主要完成数据（液位计和 pH 计）的采集、控制设备（鼓风机、循环泵、电动阀）启动/停止等任务；上位机则使用 HMI 通过 RS-232C 通信方式与 PLC 进行通信，提供直观的人机交互界面，给予用户操作。根据以上系统分析，需配备上位机系统配置：软件环境 Kinco DTools 组态编辑软件、硬件环境。运行 Windows XP/Vista/7 操作系统并安装一台有 Kinco DTools 软件的个人电脑、一台 Green 系列 HMI（本例中选用 GL070），一款工业 PLC（本例中选用 Kinco CPU306EX)，一个 DC24V，为 HMI 供电，一个 AC220V，为 PLC(Kinco-K306EX-24AR)供电，一根 USB 专用下载电缆(本例选用 USB 接口进行组态下载)，一根 HMI 和 PLC 通信用的 RS-232C 交叉电缆(本例中采用 RS-232C 通信方式)。PLC 地址分配见 3-1。

表 3-1 系统地址表

设备	地址	设备	地址
启动开关 SW01	I0.0	液位计 LIT01	AIW4
紧急停止开关 SW02	I0.1	液位计 LIT02	AIW6
鼓风机 B01	Q0.0	液位计 LIT03	AIW8
循环泵 P01	Q0.1	液位计 LIT04	AIW10
计量泵 P02	Q0.2	电动阀 AV01	Q1.0
计量泵 P03	Q0.3	电动阀 AV02	Q1.1
pH 计 AIT01	AIW0	电动阀 AV03	Q1.2
pH 计 AIT02	AIW2	电动阀 AV04	Q1.3
辅助继电器 AR01	M0.0(LIT01 液位值低于下限值时接通)	辅助继电器 AR05	M0.4(LIT03 液位值低于下限值时接通)
辅助继电器 AR02	M0.1(LIT01 液位值高于上限值时接通)	辅助继电器 AR06	M0.5(LIT03 液位值高于上限值时接通)
辅助继电器 AR03	M0.2(LIT02 液位值低于下限值时接通)	辅助继电器 AR07	M0.6(LIT04 液位值低于下限值时接通)
辅助继电器 AR04	M0.3(LIT02 液位值高于上限值时接通)	辅助继电器 AR08	M0.7(LIT04 液位值高于上限值时接通)

HMI 画面规划如图 3-23 所示。

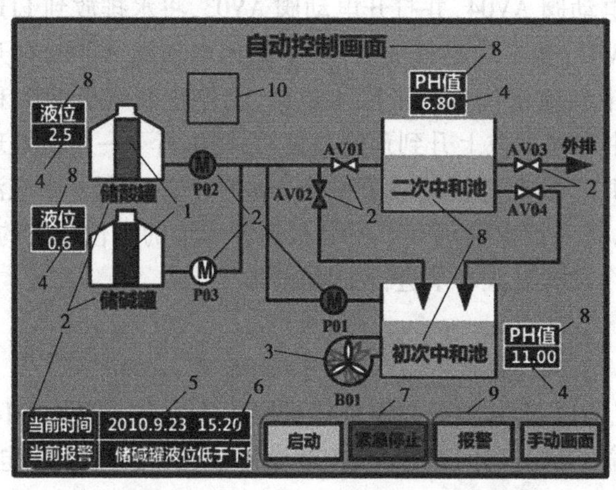

1.棒图
2.位状态指示灯
3.多状态显示
4.数值显示
5.时间
6.事件滚动条
7.位状态切换开关
8.文本元件
9.功能键
10.定时器

(a)自动控制画面

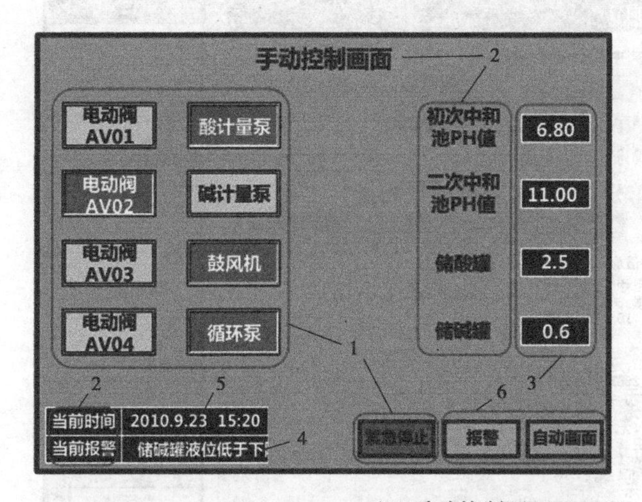

(b)手动控制画面

1.位状态切换开关

2.文本元件

3.数值显示

4.事件滚动条

5.时间

6.功能键

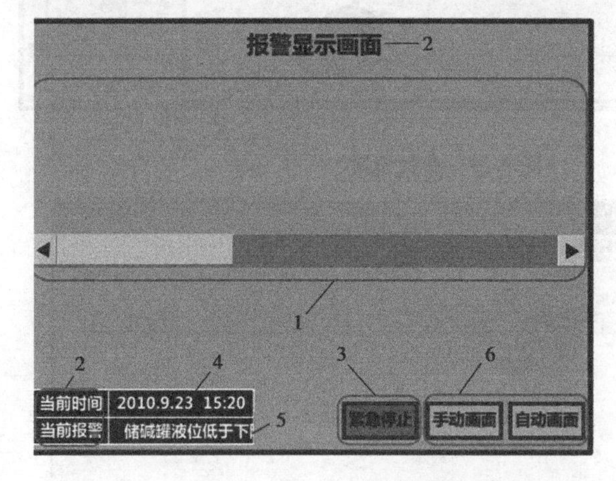

(c)报警显示画面

▲图 3-23　HMI 画面

1.事件显示

2.文本元件

3.位状态切换开关

4.时间

5.事件滚动条

6.功能键

（四）工程制作

下面介绍用 Kinco DTools 制作工程的步骤。

1. 创建工程

新建工程单击工具栏的图标，建立工程并输入工程名称（本例工程名称设置为“中和池 pH 值控制系统”）；选择工程文件夹保存路径；选择 HMI 型号、显示模式；单击“下一步”进行系统参数设置，如图 3-24 所示。

2. 设备选择、连接和参数设置

选择 PLC 型号（通信协议），在系统参数设置窗口选择“串口 0 设置”，选择通信协议“Kinco PLC Series”，单击“添加”，如图 3-25 所示。

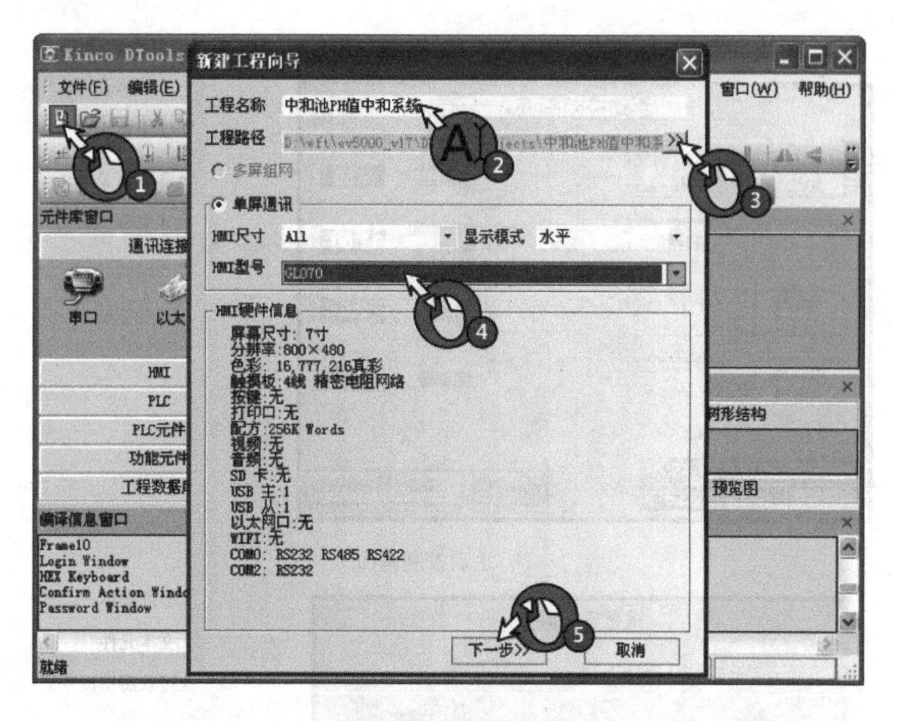

▲图 3-24 参数设置

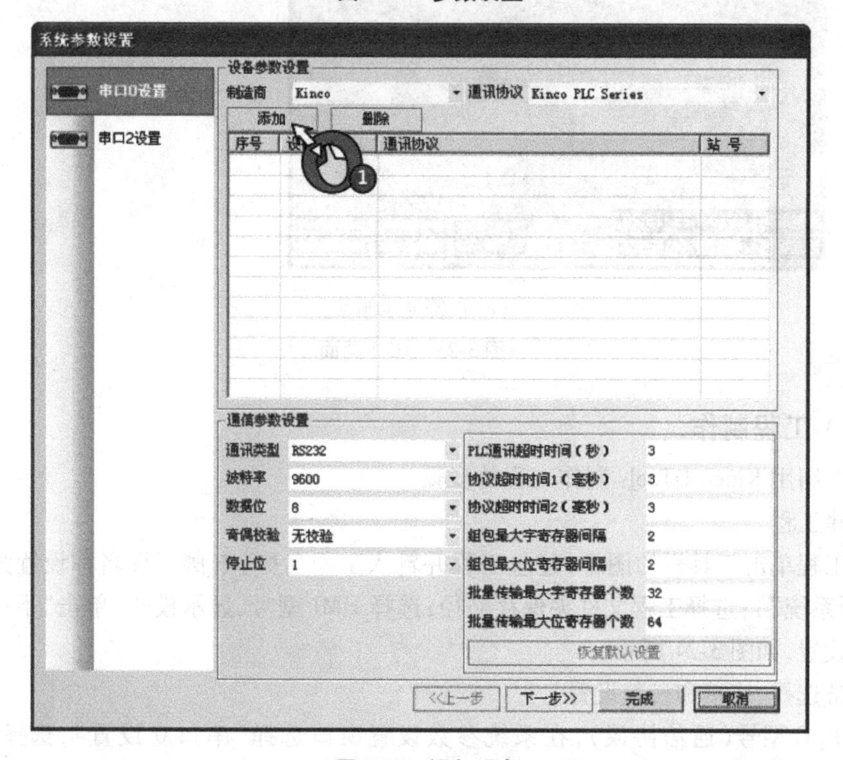

▲图 3-25 添加设备

如不需要通过导航来选择 PLC,可选择取消,然后直接到“元件库窗口”—“PLC”中拖动相应的 PLC 到拓扑结构。

通信参数在对应序号的 PLC 站号列设置站号,根据实际 PLC 的通信参数来配置串口 0 的参数,其他选项均采用默认设置,可以在"系统参数设置"界面设置通信参数,也可以在拓扑结构窗口选中 HMI 双击,或用鼠标右击,选择属性,在弹出的"HMI 属性"框中设置,如图 3-26 所示。

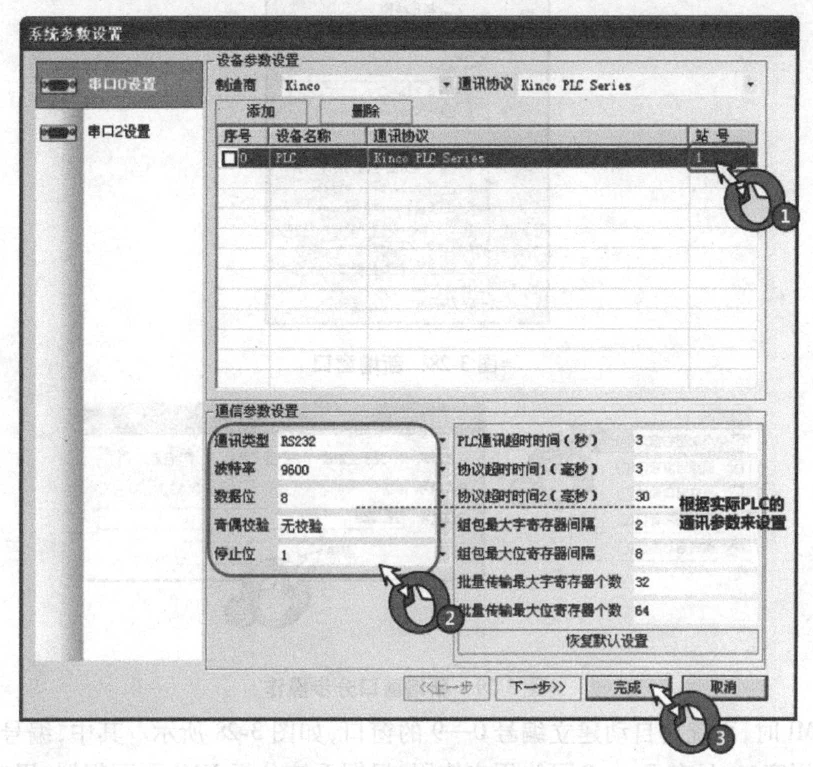

▲图 3-26 通信设置

3. 编辑组态画面

打开组态编辑窗口用鼠标右击 HMI 图标在弹出菜单中单击"编辑组态",如图 3-27 所示。

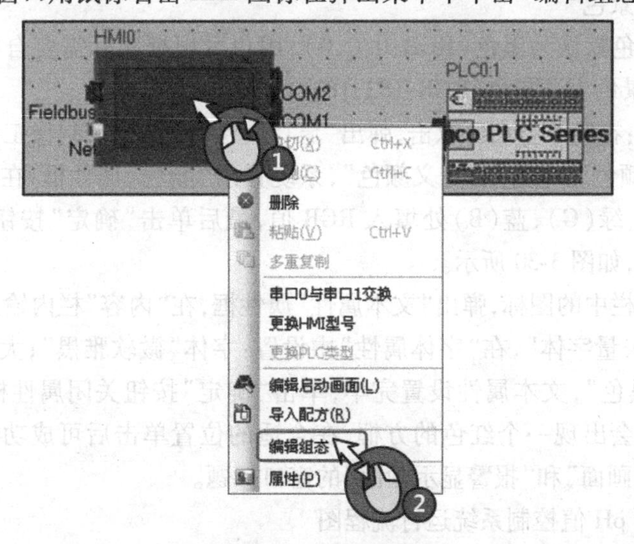

▲图 3-27 HMI 编辑组态

添加窗口步骤如图 3-28、图 3-29 所示。

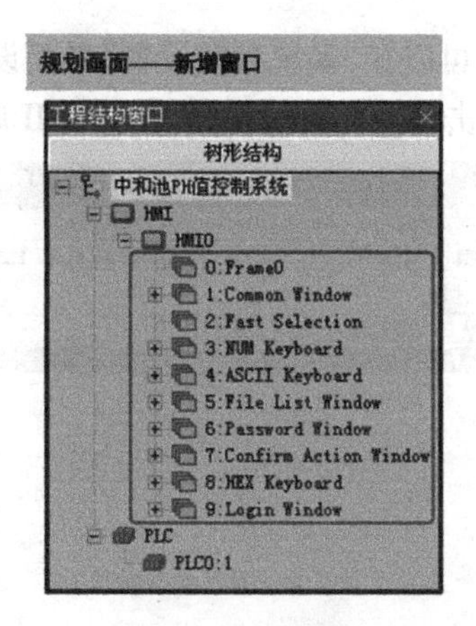

▲图 3-28 新增窗口

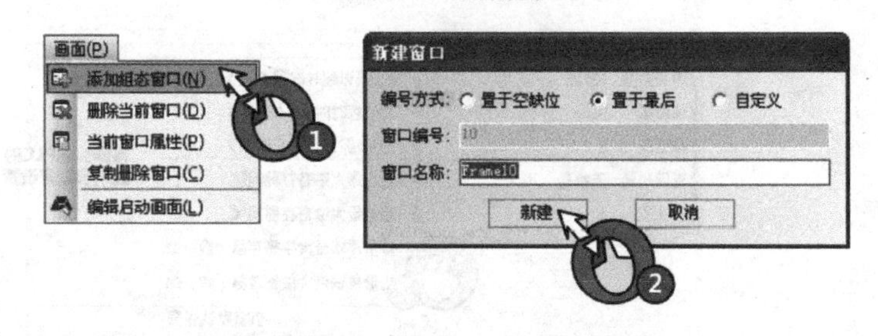

▲图 3-29 新增窗口分步操作

建立 HMI 时,系统会自动建立编号 0—9 的窗口,如图 3-28 所示。其中,编号 1—9 窗口为系统特殊用窗口,只有 Frame0 可为用户使用,根据系统分析 HMI 画面规划,用户还需新增两个窗口,如图 3-29 所示。

4. 编辑自动控制画面

1)修改窗口背景色

窗口初始背景色默认为黑色(RGB:0,0,0),用户可根据实际需要自行修改窗口背景色[本例设置窗口背景色为浅灰色(RGB:182,182,182)]。

操作步骤如下:在窗口空白区双击,弹出“窗口属性”对话框。制作工程:勾选“背景填充效果”,单击“填充颜色”,单击“自定义颜色”,系统弹出“颜色”属性框,在颜色盘中选择所需的颜色或在红(R)、绿(G)、蓝(B)处填入 RGB 值,最后单击“确定”按钮,编辑自动控制画面—制作画面标题,如图 3-30 所示。

单击绘图工具栏中的图标,弹出“文本属性”属性框,在“内容”栏内输入“自动控制画面”字样。选中“使用矢量字体”,在“字体属性”中设置:字体“微软雅黑”;大小“16 号”;对齐方式“居中”;颜色“黑色”,文本属性设置完毕,单击“确定”按钮关闭属性框,如图 3-31 所示。此时组态编辑窗口会出现一个红色的方框,在合适的位置单击后可成功放置文本元件。同理,创建“手动控制画面”和“报警显示画面”的窗口标题。

2)绘制中和池 pH 值控制系统运行流程图

分别用直线、矩形和多边形绘制中和池 pH 值控制系统运行流程图,如图 3-32 所示。

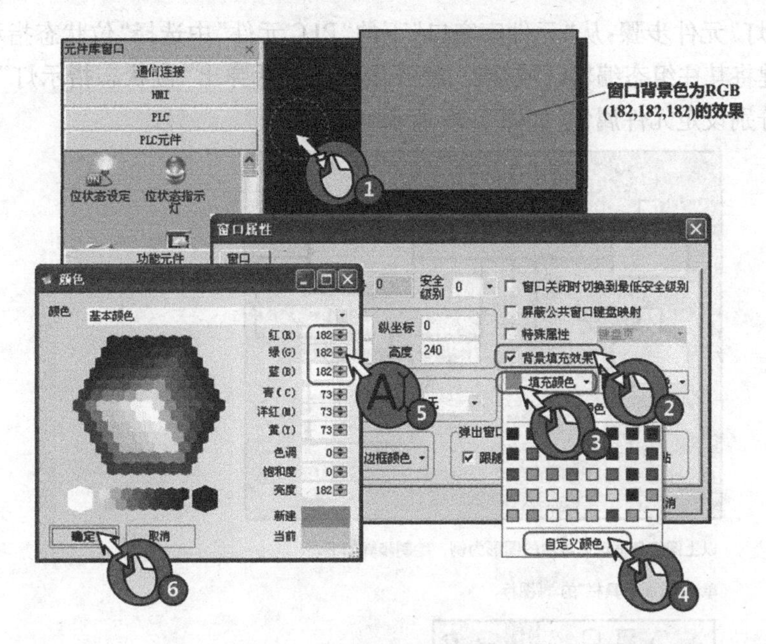

▲图 3-30　修改窗口背景色

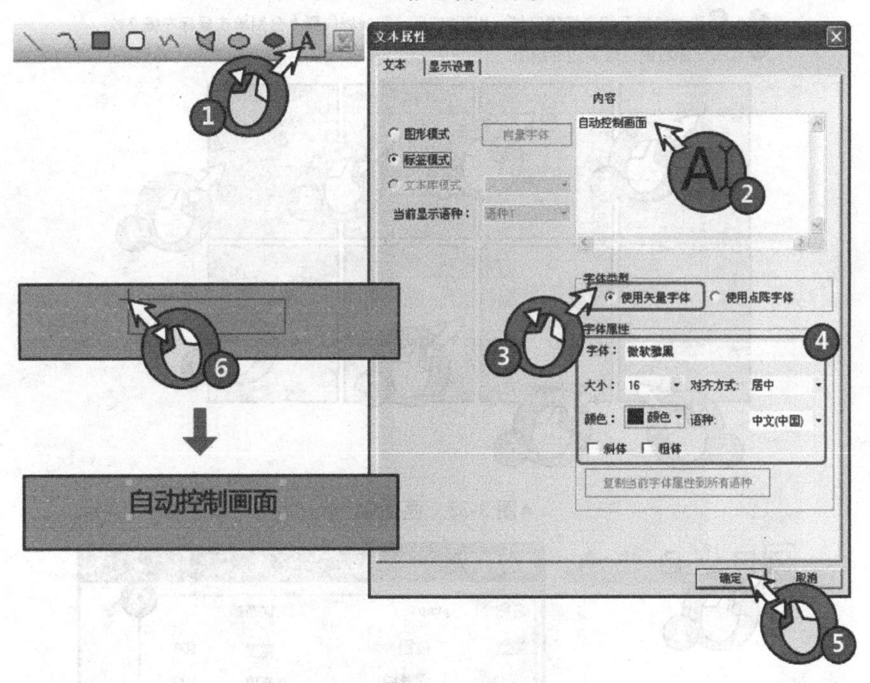

▲图 3-31　制作画面标题

3）绘制计量泵图形

系统图库中没有所需的图形时可通过新建图形来实现。以计量泵图形为例，新建图形步骤为：单击数据库工具栏图标，弹出“新建图形”属性框，按下图设置属性，单击“建立”按钮进入向量图形编辑窗口，如图 3-33 所示。

4）添加位状态指示灯（计量泵、循环泵、电磁阀）

分别添加 7 个“位状态指示灯”元件用作计量泵、循环泵、电磁阀的工作状态指示。添加

“位状态指示灯”元件步骤:从“元件库窗口”下的“PLC 元件”中选择“位状态指示灯”元件,并按住鼠标左键将其往组态编辑区域拖曳,松开鼠标左键后弹出“位状态指示灯”属性框,如图 3-34 所示。分别设定元件属性,如图 3-35 所示。

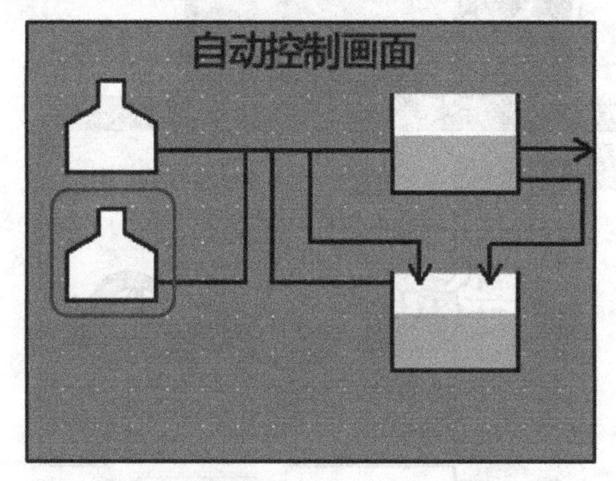

以上图红色框选区域中的图形为例，绘制步骤如下：

单击“绘图工具栏”的图标

❶~❼移动鼠标至组态编辑区域，出现“+”后，在规划位置上分别单击鼠标左键 7 次

❽点击鼠标右键结束多边形绘制

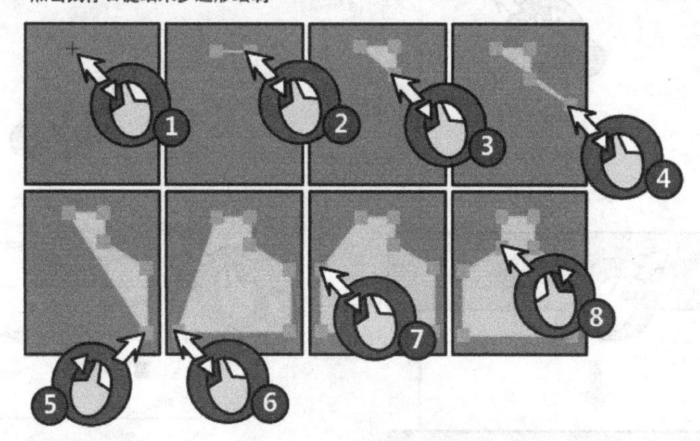

▲图 3-32　画面制作

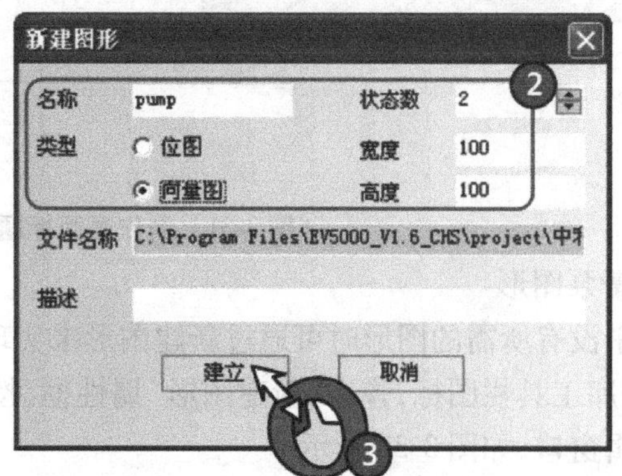

▲图 3-33　新建图形

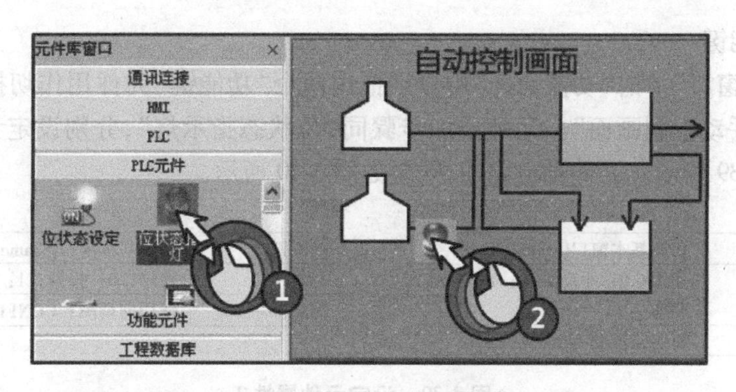

▲图 3-34 添加位状态指示灯

循环泵P01/计量泵P02/计量泵P03

读取地址	Q0.1	Q0.2	Q0.3
功能	正常		
标签	使用；0：M；1：M		
字体类型	矢量字体		
字体属性	Arial，11号，黑色，粗体		
图形	使用向量图：pump.vg		

电磁阀AV01/AV02/AV03/AV04

读取地址	Q1.0	Q1.1	Q1.2	Q1.3
功能	正常			
标签	不使用			
图形	使用向量图：valve.vg			

▲图 3-35 设定元件属性 1

元件设置完毕，效果如图 3-36 所示。

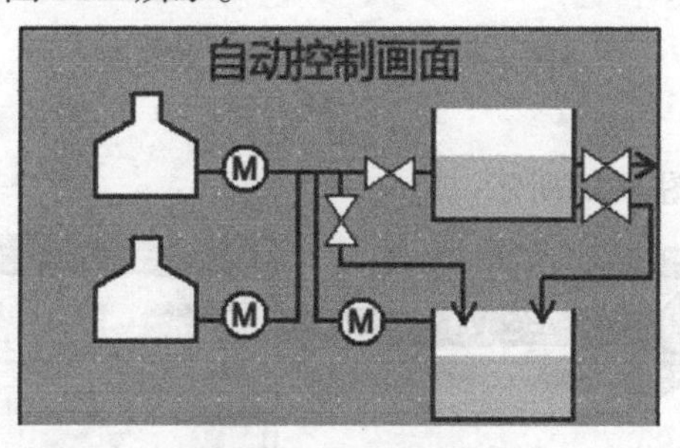

▲图 3-36 设置完成效果图 1

5）添加位状态切换开关（启动、紧急停止）

添加两个“位状态切换开关”元件分别用作“启动”“紧急停止”按钮，元件添加步骤同“位状态指示灯”，分别设定元件属性为：启动/紧急停止，如图 3-37 所示。元件设置完毕，效果如图 3-38 所示。

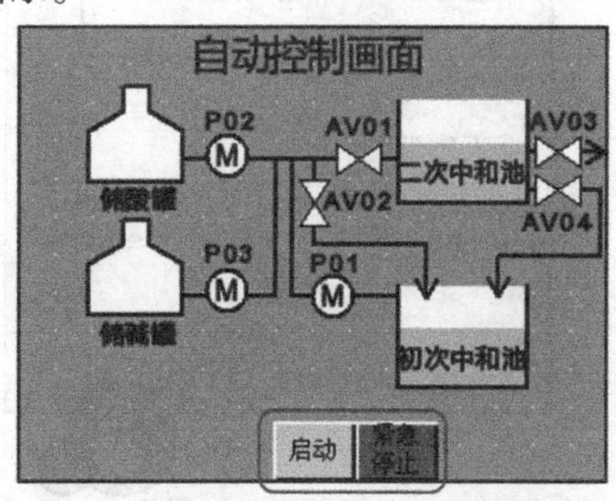

读取/写入地址	I0.0	I0.1
开关类型	复位开关	
标签	使用；0：启动/紧急停止；1：启动/紧急停止	
图形	使用向量图；Button3-15.vg* Button3-12.vg*	

*Button3-12.vg/Button3-15.vg从【系统图库】—【向量图】—【按钮】中导入

▲图 3-37 “添加位状态切换开关”效果图 ▲图 3-38 设定元件属性 2

6)添加功能键

从“元件库窗口”下的“功能元件”中分别拖出两个“功能键”元件用作切换画面至“报警显示画面”和“手动控制画面”。元件添加步骤同“位状态指示灯”,分别设定元件属性为:手动画面,如图3-39所示。元件设定完毕,效果如图3-40所示。

功能键	切换基本窗口[Frame10]
标签	使用;0:手动画面;1:手动画面
图形	使用向量图:CONFIRM.vg

报警

功能键	切换基本窗口[Frame11]
标签	使用;0:报警;1:报警
图形	使用向量图:CONFIRM.vg

▲图3-39 设定元件属性3

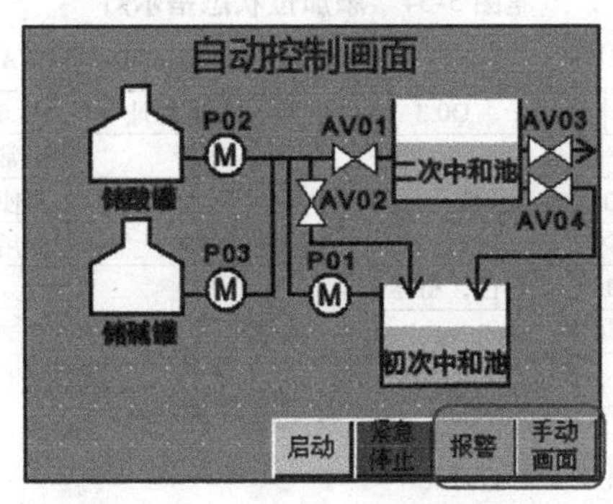

▲图3-40 “添加功能键”效果图

7)设置登录事件信息

登录事件信息设置如图3-41所示。

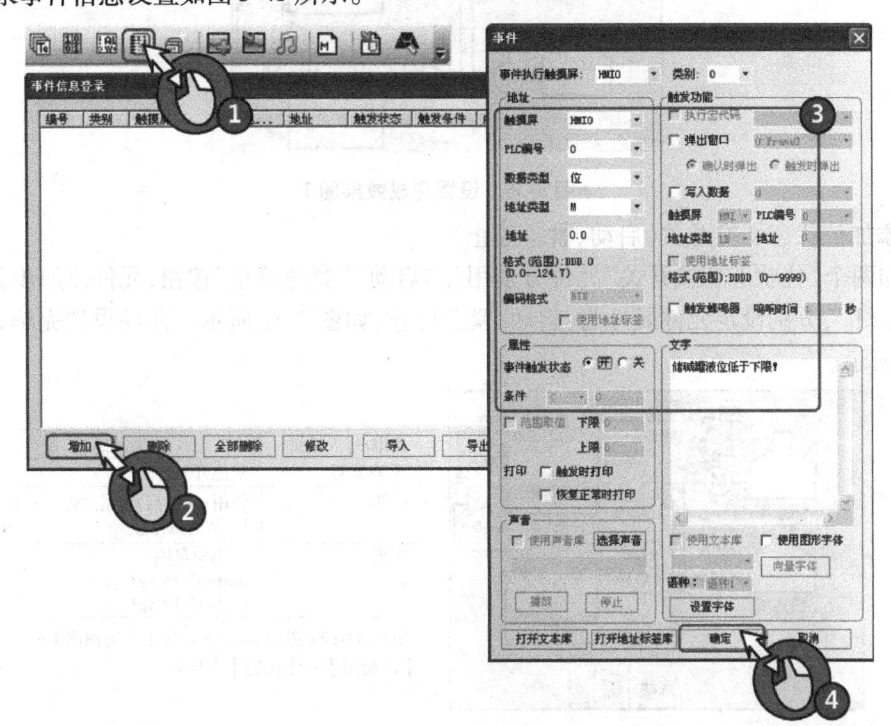

▲图3-41 登录事件信息设置

步骤：单击数据库工具栏图标，打开“事件信息登录”属性框，单击“增加”按钮，弹出“事件”属性框，登录第一条要报警的事件信息，如图 3-42 所示。

地址	M0.0
触发状态	开
文字	储碱罐液位低于下限！

❹单击【确定】按钮关闭【事件】属性框即完成一条事件信息登录

同理，登录第二条要报警的事件信息：

地址	M0.2
触发状态	开
文字	储酸罐液位低于下限！

▲图 3-42　登录第一条报警信息

最后单击“确定”按钮关闭“事件信息登录”属性框，如图 3-43 所示。

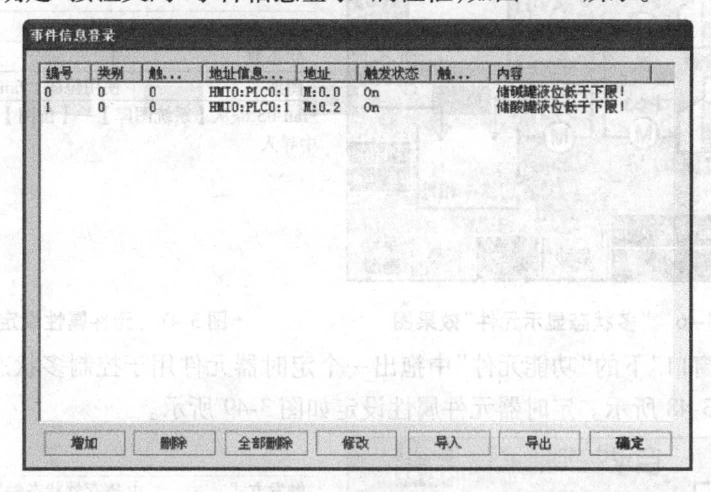
事件信息登录

编号	类别	触...	地址信息...	地址	触发状态	触...	内容
0	0	0	HMI0:PLC0:1	M:0.0	On		储碱罐液位低于下限！
1	0	0	HMI0:PLC0:1	M:0.2	On		储酸罐液位低于下限！

▲图 3-43　属性框

8）添加数值显示元件

从“元件库窗口”下的“PLC 元件”中分别拖出 4 个“数值显示”元件分别用作储碱（酸）罐的液位显示和初（二）次中和池的 pH 值显示，如图 3-44 所示。

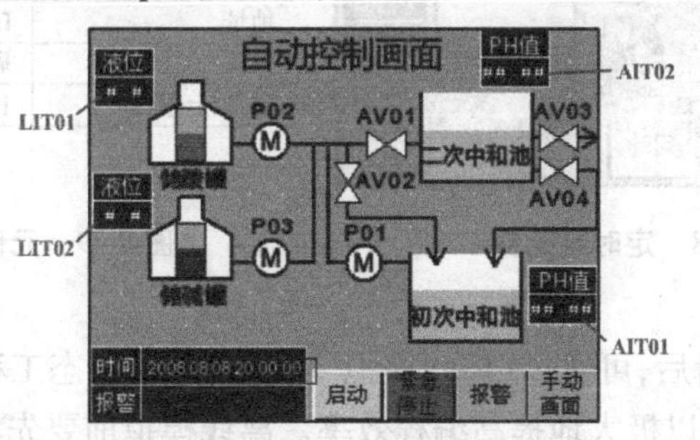

▲图 3-44　数值显示

数值显示元件属性设定如图 3-45 所示。

PH计 AIT01/AIT02

读取地址	AIW0	AIW5
数据类型	无符号十进制数	
整数/小数位	2/2	
最小/大值	0/1 400	
图形	不使用	

液位计 LIT01/LIT02

读取地址	AIW4	AIW6
数据类型	无符号十进制数	
整数/小数位	1/1	
最小/大值	0/50	
图形	不使用	

▲图 3-45 数值显示元件属性

9)添加多状态显示元件和定时器元件

从“元件库窗口”下的“PLC 元件”中拖出一个多状态显示元件用作鼓风机工作风叶转动的显示,如图 3-46 所示。多状态显示元件属性设定如图 3-47 所示。

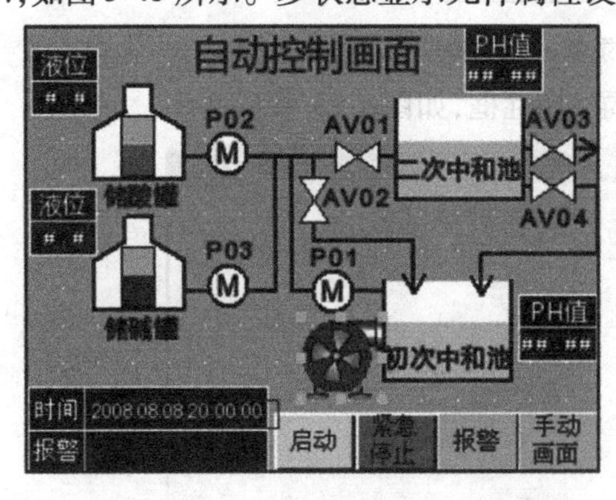

读取地址	LW0
状态数	3
图形	使用位图:fan-05.bg*

*fan-05.bg从【系统图库】—【位图】—【风机】中导入

▲图 3-46 “多状态显示元件”效果图　　▲图 3-47 元件属性设定 4

从“元件库窗口”下的“功能元件”中拖出一个定时器元件用于控制多状态显示元件状态值的变化,如图 3-48 所示。定时器元件属性设定如图 3-49 所示。

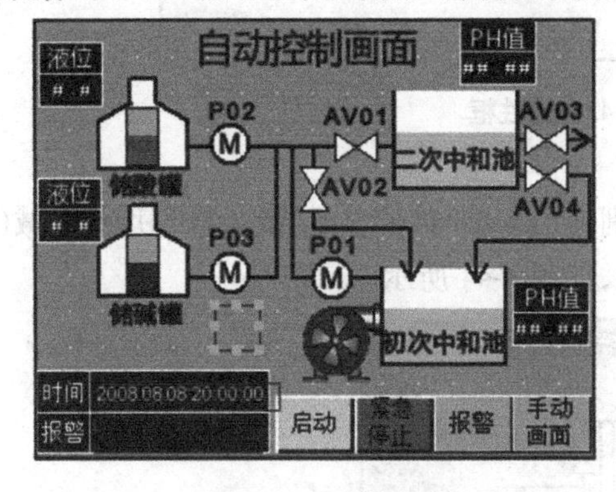

触发方式	寄存器状态触发
执行周期	1×100 ms
触发状态	ON
触发地址	Q0.0
功能	设置状态
数据类型	字
地址	LW0
模式	周期递加(循环)
递加/上限值	1/2

▲图 3-48 定时器元件　　▲图 3-49 元件属性设定 5

5. 工程模拟

完成工程组态的编辑后,可通过“离线模拟”功能来仿真组态工程运行时的效果而不必每次下载工程到 HMI 中,可以极大地提高编程效率。离线模拟前要先将组态工程进行编译。单击系统工具栏图标,对工程进行编译。编译成功后,单击系统工具栏图标,弹出“KHSimulator”对话框选中要编译的 HMI,然后单击“模拟”按钮。

6. 工程下载

离线模拟只能反映工程画面显示效果,由于涉及 PLC 设备数据的采集和输入输出控制,组态工程需要下载到 HMI 里面运行,并与 PLC 设备建立通信才能看到实际的运行结果。工程下载操作步骤:单击系统工具图标,弹出“工程设置选项”对话框,在“下载方式”中选择“USB”(本例使用 USB 下载方式),单击“确定”按钮,关闭“工程设置选项”对话框;单击工具栏的图标,弹出“KHDownload”对话框,选择要下载的 HMI,单击“下载”按钮,开始下载“3.4 工程文件夹 介绍工程项目文件夹指用于组态工程数据存储的专用文件夹”。该文件夹在工程建立时自动生成,并在制作工程的过程中生成对应操作的文件,见表 3-2。

表 3-2　文件列表

名称	说明
HMIn	“n”为数字,工程中使用的所有 HMI 都会有独立的文件夹,该文件夹主要用于存放宏指令文件,工程文件等
image	存放工程中使用的位图原始图片
ProjBK	存放软件升级后,打开旧版本软件建立的工程时对原工程进行备份后保存于此文件夹中
sound	存放工程中使用的声音原始文件和转换文件
tar	工程编译用数据文件
temp	工程缓存文件夹,主要用于存储最后一次用户要求保存的数据
vg	存放工程中使用的向量图和位图
KHWindows. dat	系统文件
PLCGEDefaultProperties	系统文件
name. dpj	工程管理文件,可用 Kinco DTools 打开编辑的文件格式
name. bak	系统自动备份数据文件
name. pkg、name. pkgx	编译后生成的数据包文件,用于下载到 HMI 运行的文件格式

二、任务实操

任务单——码垛工作站控制

公司名称	
部门	
项目描述	出入库上下料工位由车型料架、车身搬运机器人、辊道线组成,其中车型料架每个料仓都有一个光电传感器用来检测仓位的空闲情况,主要用于车身的出库与入库
控制要求	PLC 任务要求:接收到取料请求信号后,判断当前车型料架中装有车身的最小仓位号,随后机器人执行出库作业,从该仓位中取出车身。当接收到车身到位信号后,判断车型料架中空闲的最小仓位号,随后机器人执行入库作业,将车身放至该仓位中。可通过组态软件的取料、放料按钮实现车身搬运机器人出库上下料控制。可通过组态工程实现机器人运行、停止,上料、下料的运行状态实时监控

续表

控制要求	按下启动按钮，检测到车架，机器人移动到第一库位，等待 2 秒后完成车架抓取。 
仿真系统 I/O 口分配	记录 I/O 口分配：
WinCC 画面制作	记录 MCGS 画面及数据：
博图程序 编写	记录博图程序：

续表

博图与步科联合仿真	启动 Kinco 组态软件仿真； 单击工具菜单，选择直接在线模拟，启动仿真，后单击模拟，启动仿真，如下图所示。 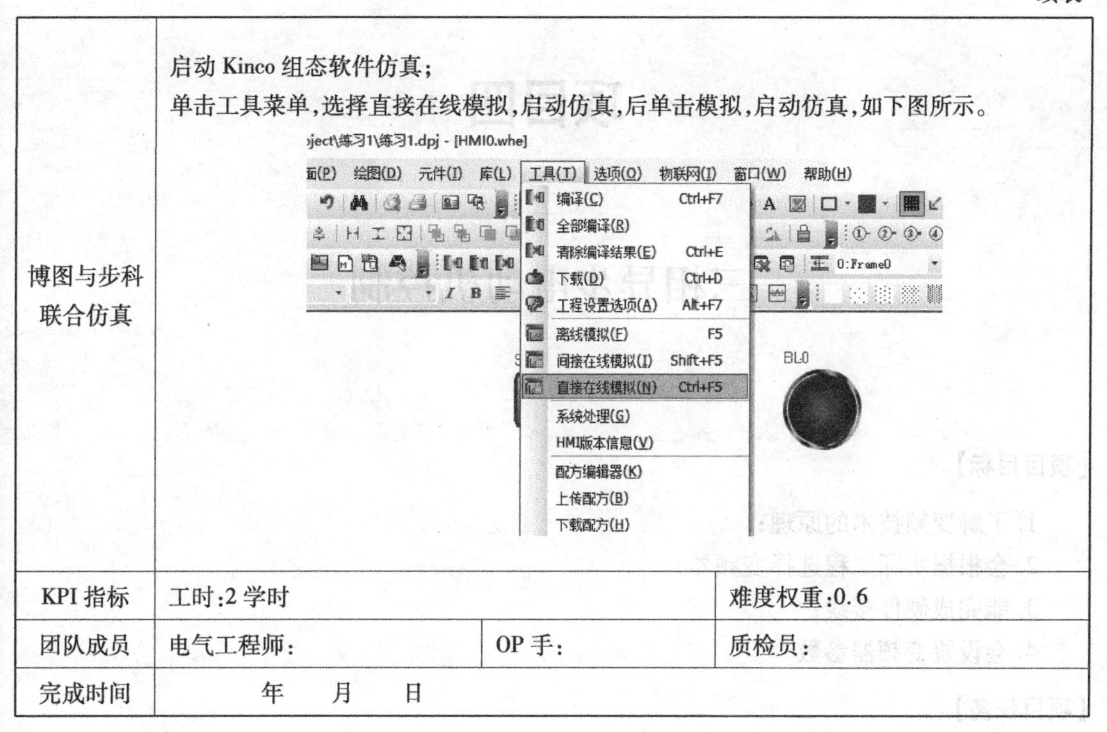

KPI 指标	工时:2 学时		难度权重:0.6
团队成员	电气工程师：	OP 手：	质检员：
完成时间	年　月　日		

三、任务评价

实验评价表

序号	评价项目	自我评价	组员互评	教师评价	综合评价
1	学习准备				
2	问题填写				
3	实验操作规范性				
4	实验完成质量				
5	5S 管理				
6	参与讨论主动性				
7	沟通协作				
8	展示汇报				

注：评价档次统一采用 A(优秀)、B(良好)、C(合格)、D(努力)4 个级别。

三相异步电动机控制

【项目目标】

1. 了解变频技术的原理；
2. 会根据实际工程选择变频器；
3. 能完成硬件接线；
4. 会设置变频器参数。

【项目任务】

OIS(作业指导书)与WES(操作要素)			班　组		
			作业内容	三相异步电机控制	
关键点标识	安全　人机工程　关键操作　质量控制　防错				
No.	操作顺序	品质特性及基准	操作要点	关键点	工具设备
※	设备点检	设备点检基准书	目视、触摸、操作	安全	电动机、变频器
1	BOP启动(V20)		目测、操作	质量控制	
2	三段调速(V20)		目测、操作	质量控制	
3	五段调速(MM420)				
4	八段调速(G120C)				
5	模拟量控制(G120C)				
质量标准	实验设备:电动机、导线、变频器(V20、MM420、G120C) 1.按照接线标准完成硬件接线； 2.掌握各类变频器基本操作面板BOP的使用、参数的设置及快速调试； 3.在V20变频器中通过BOP面板实现手动和点动模式下的电动机启停； 4.在V20变频器中实现数字量三段调速,按下触摸屏或PLC启动按钮,电动机启动运行,启动频率为10 Hz,再按一次启动按钮,频率变为15 Hz,再按一次启动按钮,频率变为25 Hz,按下触摸屏或者PLC停止按钮,电动机停止运行；				

续表

质量标准	5. 在 MM420 变频器实现数字量五段调速，按下触摸屏或 PLC 启动按钮，电动机启动运行，启动频率为-50 Hz，再按一次启动按钮，频率变为-30 Hz，再按一次启动按钮，频率变为 10 Hz，再按一次启动按钮，频率变为 30 Hz，再按一次启动按钮，频率变为 50 Hz，按下触摸屏或者 PLC 停止按钮，电动机停止运行； 6. 在 G120C 变频器中实现数字量八段调速，按下触摸屏或 PLC 启动按钮，电动机启动运行，启动频率为-50 Hz，再按一次启动按钮，频率变为-30 Hz，再按一次启动按钮，频率变为-20 Hz，再按一次启动按钮，频率变为-10 Hz，再按一次启动按钮，频率变为 10 Hz，再按一次启动按钮，频率变为 20 Hz，再按一次启动按钮，频率变为 30 Hz，再按一次启动按钮，频率变为 50 Hz，按下触摸屏或者 PLC 停止按钮，电动机停止运行； 7. 在 G120C 变频器中实现模拟量控制，在触摸屏输入框中输入转速，按下触摸屏或 PLC 启动按钮，电动机按照对应频率启动运行。按下触摸屏或者 PLC 停止按钮，电动机停止运行
突发质量问题处理流程	OP手 → 报告监督员 → 报告工程师 → 报告质检科 → 报告经理 → 报告厂长
保护用具	围裙　工作服　安全帽　劳保鞋　线手套　防切割手套 防护袖套　防护眼镜　防护面罩　耳塞　防尘口罩
5S 现场	整理、整顿、清扫、清洁、素养
思考问题	

任务一　电动机启动 BOP(V20)

一、知识储备

（一）变频技术概述

变频技术是将电信号频率按照控制的要求，通过具体的电路实现电信号频率变换的应用型技术。

1. 变频技术的常见类型

(1)整流技术。通过晶体二极管组成的不可控或者晶闸管组成的可控整流器，将工频交流电变换成直流电，实现交-直变换，称为整流技术。

(2)直流斩波技术。通过改变电力半导体器件的通断时间，也就是脉冲频率(定宽定频)，或者改变脉冲的宽度(定频调宽)达到调节直流平均电压的目的。

(3)逆变技术。在变频技术中,逆变器是利用半导体器件的开关特性,将直流电变换成不同频率的交流电。

(4)交-交变频技术。通过控制电力半导体器件的导通与关断时间,将工频交流电变换成频率连续可调的交流电。

(5)交-直-交变频技术。先将交流电经过整流器变换成直流电,再将直流电逆变成频率可调的交流电。

2. 变频技术的发展及发展方向

变频技术是应交流电机无级调速的需要而产生的,它的发展基于电力电子技术的创新、电力电子器件及材料的开发和制造工艺水平的提高。变频技术的发展方向有:

(1)交流变频技术向直流变频技术方向转化;

(2)变频技术功率器件向高集成智能功率模块方向发展;

(3)变频装置的尺寸逐渐缩小;

(4)变频技术实现高速度的数字控制;

(5)变频技术实现模拟器与计算机辅助设计的优化组合。

(二)变频器种类及选型

1. 变频器品牌

随着工业自动化程度越来越高,变频器的应用领域也越发广泛,在我国电力、纺织、机械等各个行业都发挥着重要的作用。ABB 变频器、西门子变频器、施耐德变频器等知名变频器品牌在市场中仍处于领先地位,近年来国产变频器品牌也开始占据大量市场份额。国内外各大变频器品牌见表 4-1。

表 4-1 变频器品牌

地区		品牌
国内		英威腾、明阳龙源、烟台惠丰、成都佳灵、台达、深圳汇川、普传科技、合康亿盛、利德华福等
国外	日本	富士、三菱、安川、欧姆龙、松下、东芝、东冈、东川等
	欧美	ABB、SEW、轮次、施耐德、CT、科比、西门子、欧陆、GE、瓦萨、佛斯、西威、艾默生、安萨尔多等

2. 变频器的分类

(1)按电压等级不同分类,变频器可分为高压变频器和低压变频器。

(2)按工作方式不同分类,变频器可分为交-交变频器和交-直-交变频器。

①交-交变频器。交-交变频器是将工频交流电直接变换成频率、电压均可控制的交流电。交-交变频是早期变频的主要形式,适应于低转速大容量的电动机负载,如轧钢机、球磨机、水泥回转窑等。其主电路开关器件处于自然关断状态,不存在强迫换流问题,所以第一代电力电子器件——晶闸管就能完全满足它的要求。交-交变频在其主接线中需要大量的晶闸管,结构复杂,维护工作量较大,因采用移相控制方式,功率因数较低,一般仅有 0.6~0.7,而且谐波成分大,需要无功补偿和滤波装置,使得总的造价偏高。

②交-直-交变频器。交-直-交变频器是先把交流电变成直流,然后再通过 IGBT 斩波的方

式逆变成交流,是当前使用最广泛的变频器。它由整流器、滤波系统和逆变器三部分组成,整流器为二极管三相桥式不可控整流器或大功率晶体管组成的全控整流器,逆变器是大功率晶体管组成的三相桥式电路,其作用正好与整流器相反,它是将恒定的直流电交换为电压、频率可调的交流电。中间滤波环节是用电容器或电抗器对整流后的电压或电流进行滤波。交-直-交变频器按中间直流滤波环节的不同,又可以分为电压型和电流型两种。

(3)按电源类型不同分类,变频器可分为电压型变频器和电流型变频器。

3. 变频器的发展方向

变频器主要用于交流电动机的转速调节,未来的主要发展方向如下:

(1)网络智能化。智能化的变频器具有高稳定性、高可靠性及高实用性,不必进行那么多的设定,而且可以进行故障自诊断、遥控诊断以及部件自动置换,从而保证变频器的长寿命。利用互联网可以实现多台变频器联动,甚至以工厂为单位的变频器综合管理控制系统。

(2)专门化和一体化。变频器的制造专门化,可以使变频器在某一领域的性能更强,如风机、水泵专用变频器、电梯专用变频器、起重机械专用变频器、张力控制专用变频器等。除此以外,变频器有与电动机一体化的趋势,使变频器成为电动机的一部分,可以使体积更小,控制更方便。

(3)环保无公害。保护环境,制造“绿色”产品是人类的新理念。21 世纪的电力拖动装置应着重考虑:节能,变频器能量转换过程低公害,使变频器在使用过程中的噪声、电源谐波对电网的污染等问题减小到最小程度。

(4)适应新能源。现在以太阳能和风力为能源的燃料电池以其低廉的价格崭露头角,并有后来居上之势。这些发电设备的最大特点是容量小而分散,将来的变频器就要适应这样的新能源,既要高效,又要低耗。

4. 变频器的选型

变频器的正确选择对于控制系统的正常运行是非常关键的。选择变频器需遵循以下原则:

(1)电流匹配。选择变频器时应以实际工作电流值为变频器的选择依据,电机的额定功率与额定电流只能作为参考。

(2)电压匹配。变频器的额定工作电压与电机的额定电压相符。

(3)负载类型匹配。

a. 轻载型(恒功率负载)使用 P 型变频器(如风机、水泵),变频器的容量等于电机容量即可(特殊场合,如泥浆泵与深井泵除外)。

b. 重载(恒转矩负载),使用 G 型变频器,容量稍大一点或等于电机容量即可(如机械调速等)。

c. 超重载,如起重机、斜斗提升机、球磨机等这类负载的特点是启动时冲击大,因此选用 G 型变频器且电流放大 2 ~ 3 规格,同时在重物下放时,会有能量反馈需使用制动单元或采用共母线方式进行能量释放。

d. 不均衡负载,负载有时轻,有时重,此时应按照重负载的情况来选择变频器容量且要放大一倍使用(如轧钢机械、粉碎机械)。

e. 大惯性负载,如离心机、冲床、水泥厂的旋转窑,此类负载惯性很大,启动时可能会产生振荡电流,电动机减速时有能量回馈。因此,应用 G 型机容量稍大一规格的变频器来加快启动。

(4)在使用变频器驱动高速电机时,由于高速电机的电抗小,高次谐波增加,输出电流值增大。因此用于高速电机的变频器,其容量要大于电机额定容量的1~2规格。

(5)长期低速运转,由于电机发热量较高,风扇冷却能力降低,因此必须采用加大减速比的方式或改用6级电机,使电机运转在较高频率附近。

(6)变频器安装地点必须符合标准环境的要求,否则易引起故障或缩短使用寿命;变频器与驱动马达之间的距离一般不超过50 m,若需更长的距离则需降低载波频率或增加输出电抗器器件才能正常运转。

(7)选择变频器时,一定要注意其防护等级是否与现场的情况匹配。现场的灰尘、水会影响变频器的长久运行。

(8)当变频器用于控制并联的几台电机时,一定要保证变频器到电动机的电缆的总长度在变频器的容许范围内。如果超过规定值,要放大1~2规格来选择变频器。另外在此种情况下,变频器的控制方式只能为V/F控制方式,并且变频器无法实现电动机的过流、过载保护,此时需在每台电动机前加熔断器和热继电器来实现保护。

(9)变频器驱动同步电动机时,与工频电源相比,会降低输出容量10%~20%,变频器的连续输出电流要大于同步电动机额定电流与同步牵入电流的标称值的乘积。

(10)变频器驱动潜水泵电动机时,因为潜水泵电动机的额定电流比通常电动机的额定电流大,所以选择变频器时,其额定电流要大于潜水泵电动机的额定电流。

(11)当变频器控制罗茨风机或特种风机时,由于罗茨风机为容积型鼓风机,具有输出风压高的特点。从电机特性来看,其转矩特性近似为恒转矩特性,其起动电流很大,所以选择变频器时一定要注意变频器的容量是否足够大,如果变频器的供电电源是自备电源,最好在进线端加上电抗器。

(三)西门子系列变频器

1. 西门子变频器使用场景

(1)低压变频/伺服:一般生产环境;

(2)中压变频:超大功率、高压设备;

(3)直流变频:高动态响应、高功率密度。

2. 西门子变频器型号

西门子变频器型号很多,常见的有V系列的V20、V50,G系列的G120、G130、G150, S系列的S120,MM4系列MM420、MM430、MM440等。本书选用的是西门子V20变频器、MM420变频器和G120变频器。

(1)西门子V20。西门子V20是一款小型的变频器,也是比较经济型的一款,其外观如图4-1所示。V20有多种外形尺寸可以选择,功率从0.12~30 kW都有,设计上也比较安全可靠,采用了全新的冷却设计,所以比老型号的更加耐用。

(2)西门子MM420。西门子MM420是全新一代模块化设计的多功能标准变频器,其外观如图4-2所示。它由微处理器控制,并采用具有现代先进技术水平的绝缘栅双极型晶体管(IGBT)作为功率输出器件,具有强大的通信功能、精确的控制性能和高可靠性。同时它还具有友好的用户界面,安装、操作和控制过程都十分方便。

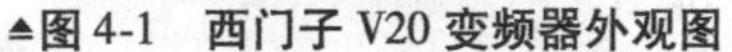

▲图 4-1　西门子 V20 变频器外观图　　▲图 4-2　西门子 MM420 变频器外观图

(3)西门子 G120C。西门子变频器 G120C 是一款将控制单元和功率模块集于一体、防护等级为 IP20 并可内置于控制箱和开关柜中的紧凑型变频器,其外观如图 4-3 所示。西门子 G120C 结构紧凑,可并排安装,功率密度高,体积小,易于维护和维修的特点,使得其适用于输送带、混料机、挤出机、泵、风机、压缩机以及简单的搬运机械。

▲图 4-3　西门子 G120C 变频器外观图

(四)V20 变频器系列

1. 基本操作面板(BOP)的介绍

V20 变频器上方有一个基本操作面板(BOP-Basic Operation Panel),如图 4-4 所示。基本操作面板由 LCD 显示屏、LED 指示灯和按钮组成,通过集成 BOP 面板按钮可以实现变频器的启动、停止及快速调试。

(1)基本操作面板的 LED 显示屏。LED 显示屏实时显示变频器状态,不同 LED 颜色对应的变频器状态见表 4-2。

表 4-2　LED 显示屏对应变频器状态

变频器状态	LED 颜色

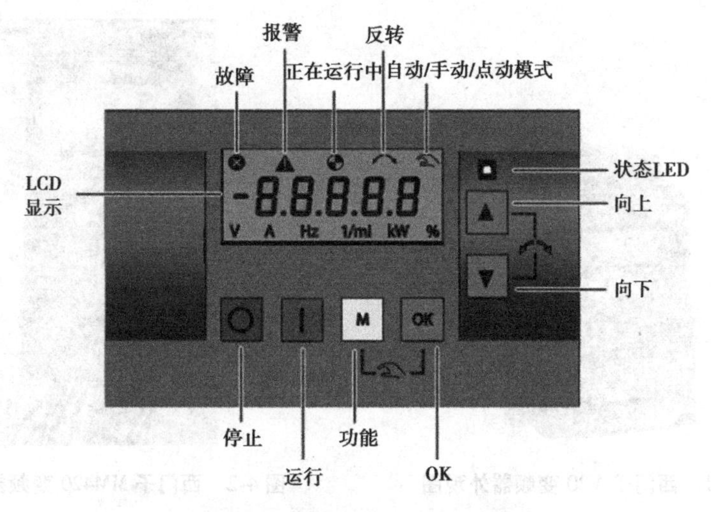

▲图 4-4 基本操作面板的示意图

变频器状态	LED 颜色
上电	橙色
准备就绪(无故障)	绿色
调试模式	绿色,0.5 Hz 闪烁
发生故障	红色,2 Hz 闪烁
参数克隆	橙色,1 Hz 闪烁

(2)基本操作面板的 LCD 显示屏。LCD 显示屏可以显示故障、警告、运行等信息及变频器的菜单,如图 4-5 所示。

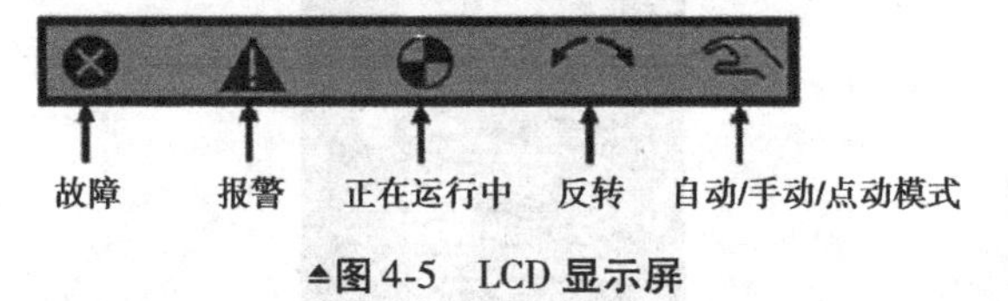

▲图 4-5 LCD 显示屏

LCD 显示屏图标对应的含义见表 4-3。

表 4-3　LCD 显示屏图标及含义

LCD 显示屏图标	含义	
	变频器存在至少一个未处理故障	
	变频器存在至少一个未处理报警	
		变频器正在运行中
	(闪烁)	变频器可能被意外上电
	电机反转	
		变频器处于手动模式
	(闪烁)	变频器处于点动模式

(3)基本操作面板的按键。操作面板上的按钮有停止键 ,运行(启动)键 ,功能键 ,OK 键 ,向上键 ,向下键 。

①停止键 :

单击:OFF1 停车方式,电机按参数 P1121 中设置的斜坡下降时间减速停车,若变频器配置为 OFF1 停车方式,则该按钮在自动运行模式下无效。

双击(<2 s)或长按(>3 s):OFF2 停车方式,电机不采用任何斜坡下降时间按惯性自由停车。

②运行(启动)键 :若变频器在手动/点动运行模式下启动,则显示变频器运行图标 。若当前变频器处于外部端子控制(P0700=2,P1000=2)并处于自动运行模式,则该按钮无效。

③功能键 :

a. 短按(<2 s):进入参数设置菜单或转至下一显示画面;就当前所选项重新开始按位编辑;在按位编辑模式下连按两次即返回编辑前画面。

b. 长按(>2 s):返回状态显示画面;进入设置菜单。

④OK 键 :

a. 短按(<2 s):在状态显示数值间切换;进入数值编辑模式或换至下一位;清除故障。

b. 长按(>2 s):快速编辑参数号或参数值。

⑤组合键 M + OK。该组合键可在不同运行模式(自动、手动、点动)之间进行切换,并以手形图标显示当前模式,具体如图 4-6 所示,要注意:只有当电机停止运行时才能启用点动模式。

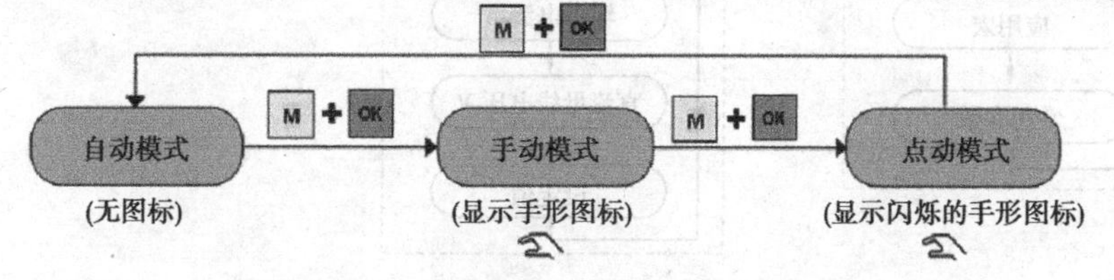

▲图 4-6　自动、手动、点动模式切换图

⑥向上键 ▲:

a. 短按(<2 s):当浏览菜单时,按下该按钮即向上选择当前菜单下可用的显示画面;当编辑参数值时,按下该按钮增大数值;当变频器处于运行模式,按下该按钮增大速度。

b. 长按(>2 s):快速向上滚动参数号、参数下标或参数值。

⑦向下键 ▼:

a. 短按(<2 s):当浏览菜单时,按下该按钮即向下选择当前菜单下可用的显示画面;当编辑参数值时,按下该按钮减小数值;当变频器处于运行模式,按下该按钮减小速度。

b. 长按(>2 s):快速向下滚动参数号、参数下标或参数值。

⑧组合键 ▲+▼:该组合键实现电机反转,按下该组合键一次启动电机反转。再次按下该组合键撤销电机反转,变频器上显示反转图标“⌒”表明输出速度与设定值相反。

2. V20 变频器菜单介绍

1) V20 的菜单结构

V20 的菜单结构包括 50/60 Hz 选择菜单、显示菜单、设置菜单和参数菜单。50/60 Hz 选择菜单仅在变频器首次上电时或者恢复出厂设置后可见;显示菜单是下一次上电的默认菜单,能够显示频率、电压、电流等重要参数,可以实现对变频器的基本监控;设置菜单用于快速调试变频器的参数,包括电机数据、连接宏选择、应用宏选择和常用参数选择 4 个子菜单;参数菜单可以访问与设置变频器的所有参数,变频器必须在显示菜单下才能运行。

2) 各类菜单之间的转换

在 50/60 Hz 选择菜单下短按功能键 OK 可以进入设置菜单,短按功能键 M 或停止键 ○,或启动键 | 可以进入显示菜单;在显示菜单下,短按功能键 M 可以进入参数菜单,长按功能键 M 可以进入设置菜单;在参数菜单或者设置菜单中,长按功能键 M 都可以返回显示菜单,具体如图 4-7 所示。

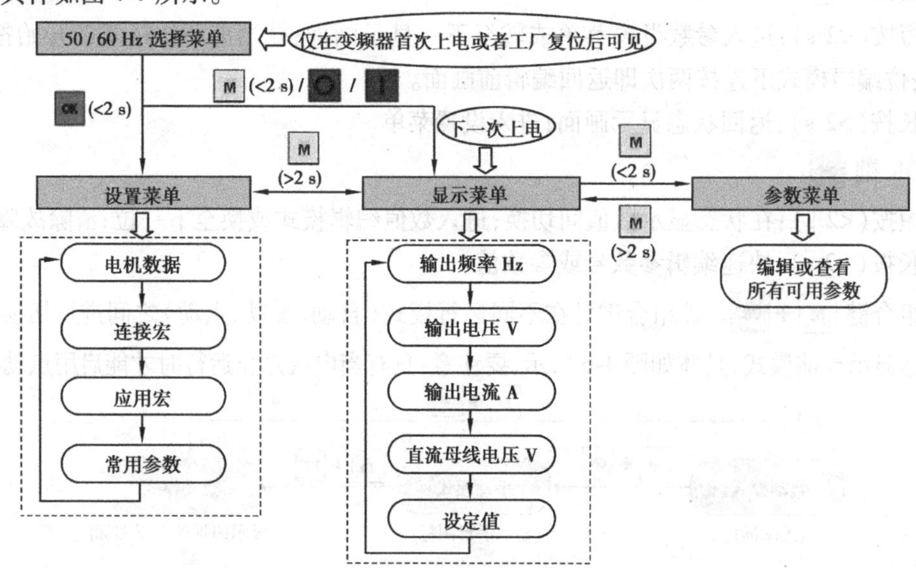

▲图 4-7 V20 各菜单之间的转换

3. V20 变频器参数设置方法

1）常规参数编辑

常规参数编辑适用于编辑较小的参数号，参数下标或参数值，具体方法步骤如下：

①在参数菜单中短按向上键 ▲ 或者向下键 ▼ 选择要编辑的参数号；长按向上键 ▲ 或者向下键 ▼ 快速增大或减小参数号，注意该编辑方法仅在参数菜单下可用。

②短按 OK 键确认，如果是多下标参数则显示下标。

③显示下标时短按 OK 进入参数值修改界面。

④短按向上键 ▲ 或者向下键 ▼ 修改参数值。

⑤短按 OK 键保存设定值返回参数菜单；若不想保存，可短按 M 键返回参数菜单。

操作示例如图 4-8 所示。

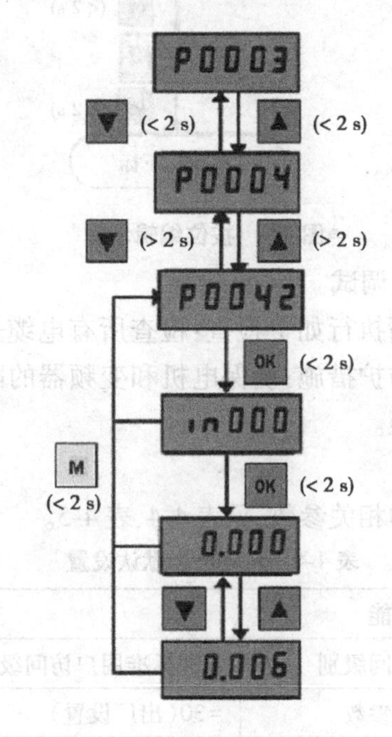

▲图 4-8　常规参数编辑示例

2）按位编辑

按位编辑适用于对参数号、参数下标或参数值有较大修改的情况。顾名思义，位编辑可以直接对每一位进行编辑。具体方法步骤如下：

①在编辑或显示模式下，长按 OK 键进入按位编辑模式。

②按位编辑从参数最右边的位开始，在当前位时，可以通过短按向上键 ▲ 或者向下键 ▼ 增大或减小参数号，每短按 OK 键就会向左移动一位；短按 M 键可以让光标定位到当前编辑条目的最右位；双击 M 键可以退出位编辑模式且不保存当前值。

③当光标位于最左侧时，短按 OK 键即可确认当前参数号保存当前值。

操作示例如图 4-9 所示。

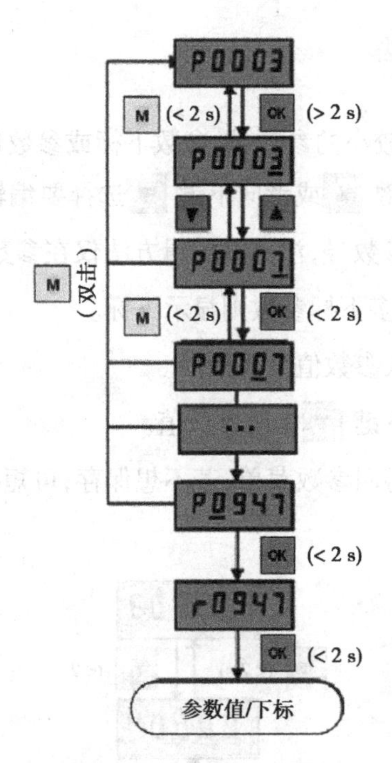

▲图 4-9　按位编辑示例

4. V20 恢复出厂设置和快速调试

在将变频器系统上电之前请执行如下检查:检查所有电缆是否正确连接,是否已采取所有相关的产品、工厂/现场安全防护措施;确保电机和变频器的配置对应正确的电源电压;将所有螺钉拧紧至指定的紧固扭矩。

1)恢复出厂设置

恢复出厂设置所需要设置的相关参数,见表 4-4、表 4-5。

表 4-4　恢复出厂默认设置

参数	功能	设置
P0003	用户访问级别	=1(标准用户访问级别)
P0010	调试参数	=30(出厂设置)
P0970	工厂复位	=21,参数复位为出厂默认设置并清除用户默认设置(如已存储)

表 4-5　恢复用户默认设置

参数	功能	设置
P0003	用户访问级别	=1(标准用户访问级别)
P0010	调试参数	=30(出厂设置)
P0970	工厂复位	=1,参数复位为用户默认设置(如已存储),否则复位为出厂默认设置

恢复出厂默认设置的步骤如下：

①从设置菜单或显示菜单转到参数菜单。

②P0003 设定为 1 即标准用户访问级别。

③P0010 设定为 30 即出厂设置。

④P0970 设定为 21 即参数复位为出厂默认设置并清除用户默认设置；P0970 设定为 1 即参数复位为用户默认设置，如果用户没有储存则复位为出厂默认设置。

⑤设置参数 P0970 后，变频器会显示 88888 的字样，随后进入 50/60 Hz 选择菜单。

具体步骤如图 4-10 所示。

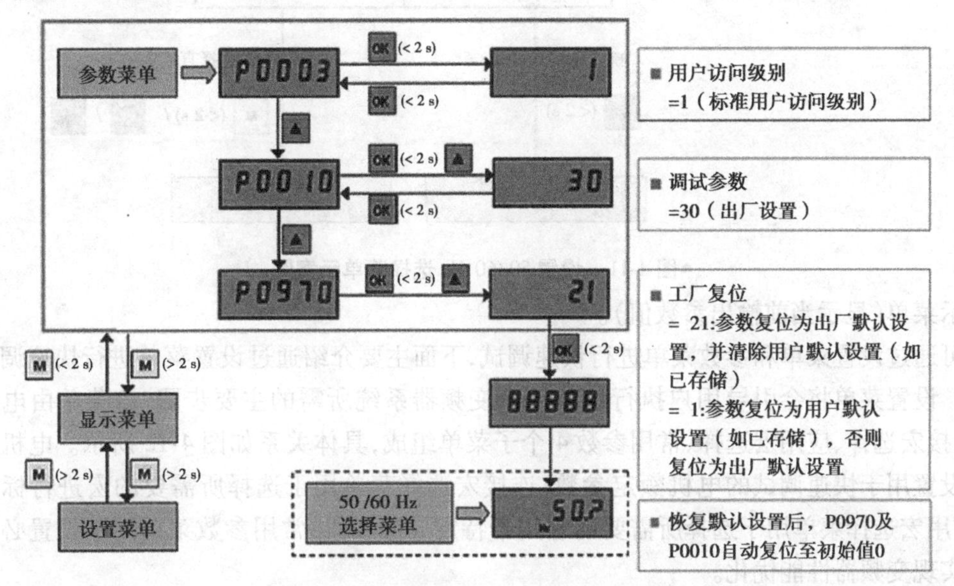

▲图 4-10　恢复出厂默认设置示意图

2）设置 50/60 Hz 选择菜单

50/60 Hz 选择菜单仅在变频器首次上电或者恢复出厂设置后可见，根据电机使用地区的不同设置电机的基础频率，在任意选择画面下按 OK 键确定选择转至设置菜单，操作步骤如图 4-11 所示。确认选择后 P0100 的值相应改变，也确定了功率的单位表达形式，见表 4-6。

表 4-6　P0100 参数对应值

参数	值	描述
P0100	0	电机基础频率为 50 Hz(缺省值)→欧洲[kW]
	1	电机基础频率为 60 Hz→美国/加拿大[hp]
	2	电机基础频率为 60 Hz→美国/加拿大[kW]

注:1 hp=0.746 kW。

3）快速调试

在开始快速调试之前，先启动电机进行试运行以检查电机转速和转动方向是否准确，注意：启动电机时，变频器必须处于显示菜单画面以及默认上电状态，且参数 P0700=1；如果变频器当前处于设置菜单画面（变频器显示 P304），长按 M 键（>2 s）退出设置菜单。此时即进

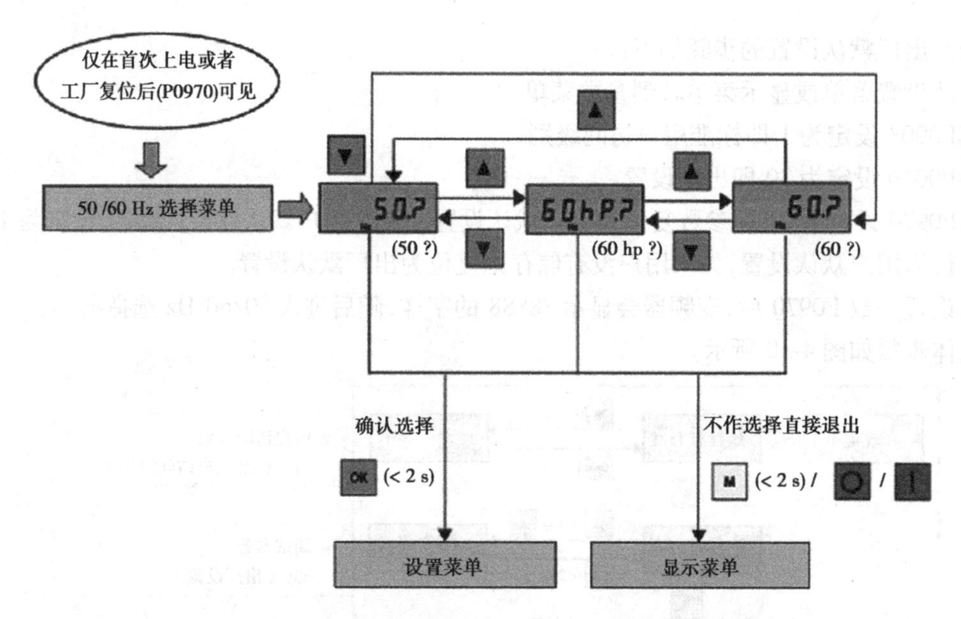

▲图 4-11　设置 50/60 Hz 选择菜单示意图

入显示菜单(显示当前输出参数值)。

可通过设置菜单和参数菜单进行快速调试,下面主要介绍通过设置菜单进行快速调试的方法。设置菜单将会引导用户执行快速调试变频器系统所需的主要步骤,该菜单由电机数据、连接宏选择、应用宏选择、常用参数 4 个子菜单组成,具体关系如图 4-12 所示。电机数据菜单设置用于快速调试的电机额定参数;连接宏选择菜单用于选择所需要的宏进行标准接线;应用宏选择菜单用于选择所需要的宏用于特定应用场景;常用参数菜单用于设置必要参数以实现变频器性能优化。

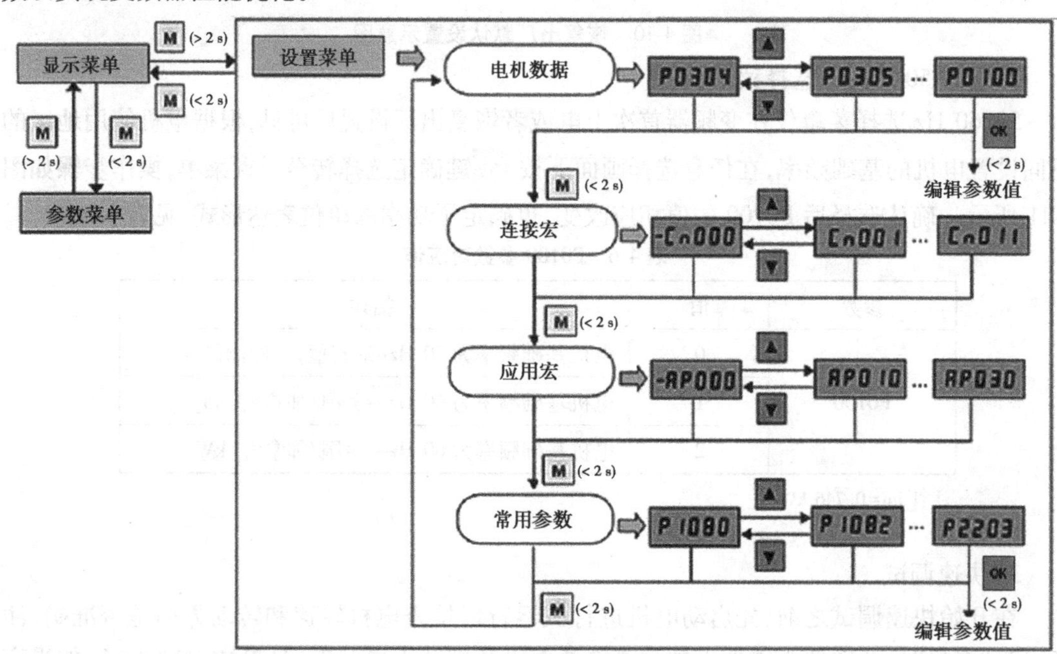

▲图 4-12　设置菜单结构示意图

①设置电机数据。用户可以通过电机数据菜单轻松设置电机铭牌数据,需要设置的电机数据见表4-7,表中打黑点的参数表示此参数的值必须按照电机铭牌数据进行设置。

表4-7　设置电机数据参数表

参数	访问级别	功能
P0100	1	50 /60 Hz 频率选择 =0:欧洲[kW],50 Hz(工厂缺省值) =1:北美[hp],60 Hz =2:北美[kW],60 Hz
P0304[0]·	1	电机额定电压(V) 请注意输入的铭牌数据必须与电机接线(星形/三角形)一致
P0305[0]·	1	电机额定电流(A) 请注意输入的铭牌数据必须与电机接线(星形/三角形)一致
P0307[0]·	1	电机额定功率(kW/hp) 如 P0100=0 或 2,电机功率单位为 kW 如 P0100=1,电机功率单位为 hp
P0308[0]·	1	电机额定功率因数 cos ϕ 仅当 P0100=0 或 2 时可见
P0309[0]·	1	电机额定效率(%) 仅当 P0100=1 时可见 此参数设为 0 时内部计算其值
P0310[0]·	1	电机额定频率(Hz)
P0311[0]·	1	电机额定转速(r/min)
P1900	2	选择电机数据识别 =0:禁止 =2:禁止时识别所有参数

②设置连接宏。用户可以通过连接宏菜单选择所需要的连接宏来实现标准接线,所有连接宏的描述见表4-8。当调试变频器时,连接宏设置为一次性设置。在更改上次的连接宏设置前,务必执行以下操作:a. 恢复变频器出厂设置(P0010=30,P0970=1);b. 重新进行快速调试操作并更改连接宏。

表4-8　连接宏描述表

连接宏	描述
Cn000	出厂默认设置,不更改任何参数设置
Cn001	BOP 为唯一控制源
Cn002	通过端子控制(PNP/NPN)
Cn003	固定转速

续表

连接宏	描述
Cn004	二进制模式下的固定转速
Cn005	模拟量输入及固定频率
Cn006	外部按钮控制
Cn007	外部按钮与模拟量设定值组合
Cn008	PID 控制与模拟量输入参考组合
Cn009	PID 控制与固定值参考组合
Cn010	USS 控制
Cn011	MODBUS RTU 控制

③设置应用宏。应用宏菜单定义了一些常见应用,每个应用宏均针对某个特定的应用提供一组相应的参数设置,所有的应用宏描述见表4-9。在选择了一个应用宏后,变频器会自动应用该宏的设置从而简化调试过程。当调试变频器时,应用宏设置为一次性设置。在更改上次的应用宏设置前,务必执行以下操作:a. 恢复变频器出厂设置(P0010 = 30,P0970 = 1);b. 重新进行快速调试操作并更改应用宏。

表4-9 应用宏描述表

应用宏	描述
AP000	出厂默认设置,不更改任何参数设置
AP010	普通水泵应用
AP020	普通风机应用
AP021	压缩机应用
AP030	传送带应用

④设置常用参数。用户通过常用参数菜单进行参数设置从而实现变频器性能优化,可以设置的常用参数见表4-10。

表4-10 设置常用参数表

参数	访问级别	功能
P1080[0]	1	最小电机频率
P1082[0]	1	最大电机频率
P1120[0]	1	斜坡上升时间
P1121[0]	1	斜坡下降时间
P1058[0]	2	正向点动频率
P1060[0]	2	点动斜坡上升时间
P1001[0]	2	固定频率设定值1
P1002[0]	2	固定频率设定值2

续表

参数	访问级别	功能
P1003[0]	2	固定频率设定值 3
P2201[0]	2	固定 PID 频率设定值 1
P2202[0]	2	固定 PID 频率设定值 2
P2203[0]	2	固定 PID 频率设定值 3

二、任务实操

任务单——变频器 BOP 启动

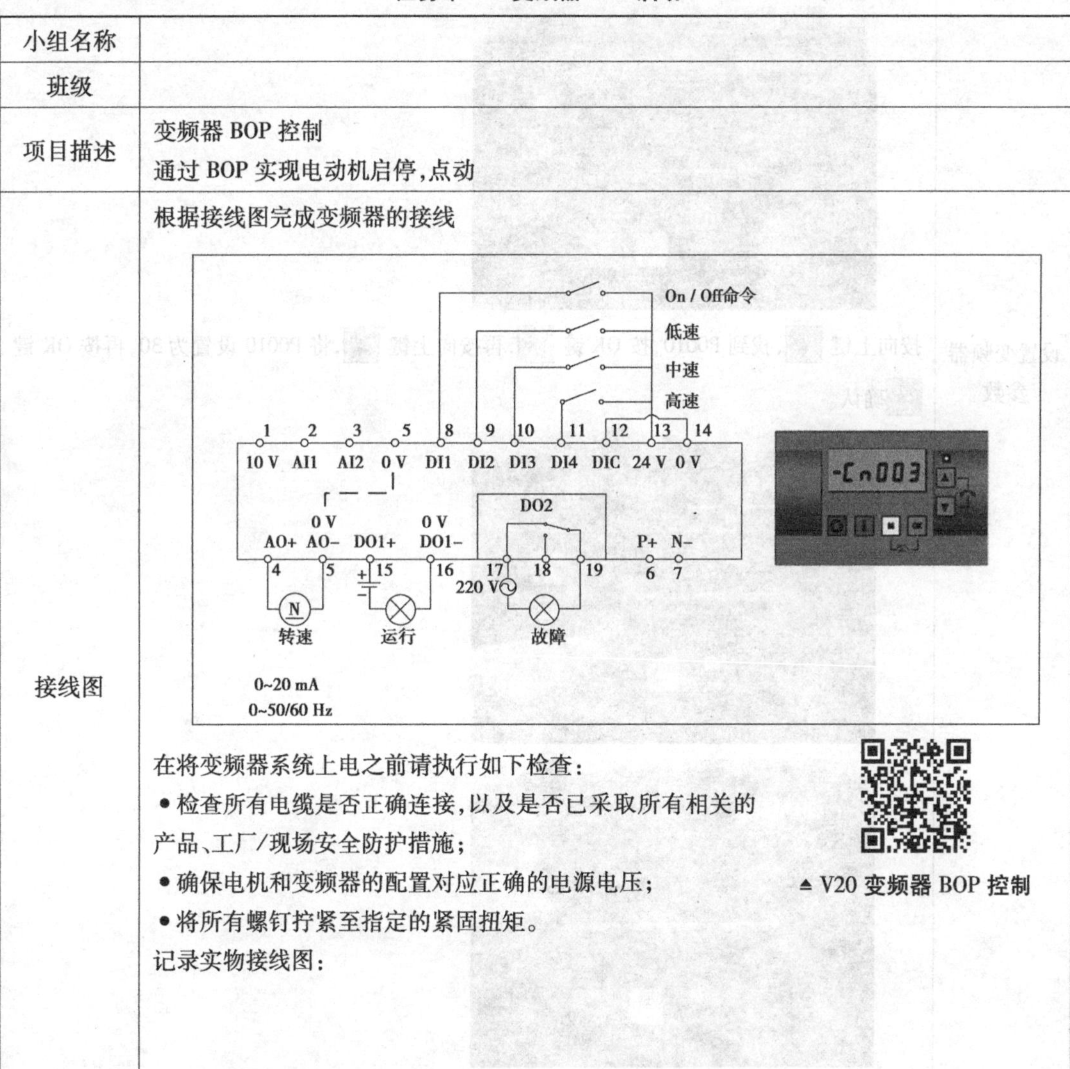

小组名称	
班级	
项目描述	变频器 BOP 控制 通过 BOP 实现电动机启停,点动
接线图	根据接线图完成变频器的接线 在将变频器系统上电之前请执行如下检查: • 检查所有电缆是否正确连接,以及是否已采取所有相关的产品、工厂/现场安全防护措施; • 确保电机和变频器的配置对应正确的电源电压; • 将所有螺钉拧紧至指定的紧固扭矩。 记录实物接线图:

▲ V20 变频器 BOP 控制

续表

<table>
<tr>
<td>设置变频器参数</td>
<td>

1. 恢复出厂设置参数 P0010 = 30, P0970 = 1

在主显示界面短按功能键 M 进入参数设置界面。

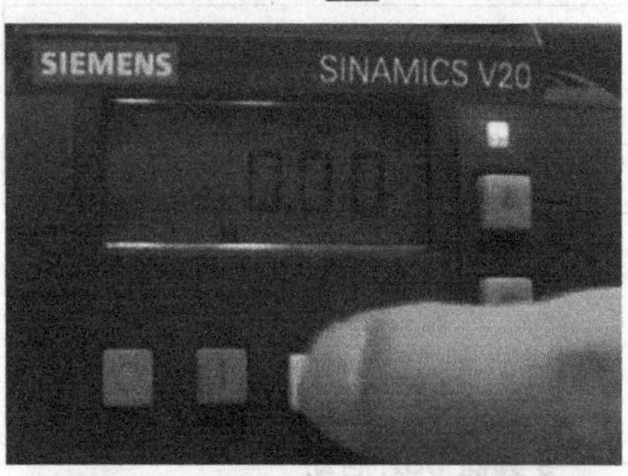

按向上键 ▲，找到 P0010，按 OK 键 OK，再按向上键 ▲，将 P0010 设置为 30，再按 OK 键 OK 确认。

</td>
</tr>
</table>

续表

<table>
<tr>
<td>设置变频器参数</td>
<td>

根据以上设置方法，找到 P0970 并设置为 1。

2. 输入电机参数
按 OK 键 OK 进入快速调试界面，此时绿色指示灯会不停闪烁，根据电机铭牌设置电机各参数，如有不同按向上键 ▲ 和向下键 ▼ 调整，按“OK”键 OK 确认。
P0304：电机额定电压；
P0305：电机额定电流；
P0307：电机额定功率；
P0308：电机额定功率因数；
P0309：电机额定效率；
P0310：电机额定频率；
P0311：电机额定转速。
</td>
</tr>
</table>

续表

<table>
<tr>
<td>设置变频器参数</td>
<td>

3. 设置连接宏
设置完电机参数后，短按功能键 M 进入连接宏选择，根据参数表设置连接状态。根据需要设置连接宏为“Cn001”，然后按下“OK”键 OK，Cn001 前面多出来一个“-”，说明已经切换到该模式。
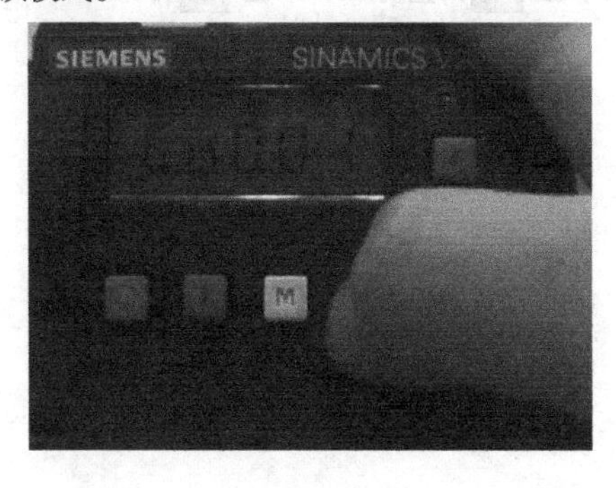

</td>
</tr>
</table>

续表

设置变频器参数	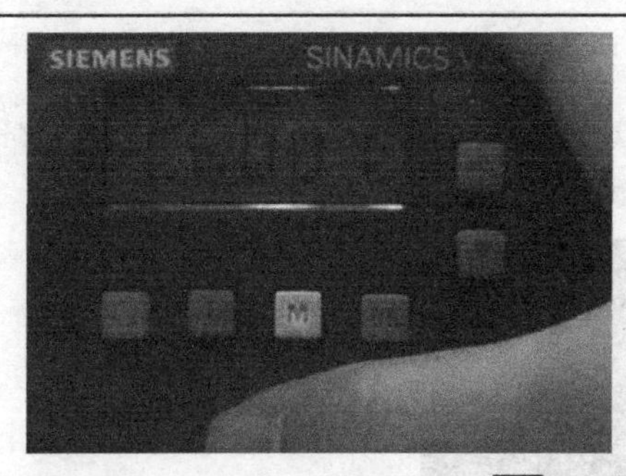 4.变频器快速设置结束,长按功能键 M 返回。 记录变频器各参数设置数据页面:

续表

<table>
<tr><td>通过 BOP 实现电动机启停</td><td colspan="3">手动模式：
1. 按 | 键启动电机；
2. 按 O 键停止电机

点动模式：
1. 按 M + OK 组合键从“手动”切换到“点动”模式（图标闪烁）；
2. 按 | 键启动电机，松开 | 键即停止电机。
记录 BOP 实现电动机启停页面：</td></tr>
<tr><td>KPI 指标</td><td colspan="2">工时:2 学时</td><td>难度权重:0.6</td></tr>
<tr><td>团队成员</td><td>电气工程师：</td><td>OP 手：</td><td>质检员：</td></tr>
<tr><td>完成时间</td><td colspan="3">年　　月　　日</td></tr>
</table>

三、任务评价

实验评价表

序号	评价项目	自我评价	组员互评	教师评价	综合评价
1	学习准备				
2	问题填写				
3	实验操作规范性				
4	实验完成质量				
5	5S 管理				
6	参与讨论主动性				
7	沟通协作				
8	展示汇报				

注:评价档次统一采用 A(优秀)、B(良好)、C(合格)、D(努力)4 个级别。

任务二 电动机三段调速(V20)

一、知识储备

▲ V20 变频器多段调速

(一)变频器多段调速

电动机拖动的生产机械,有时根据加工产品工艺的要求,需要先后以不同的转速运行,即多段速运行。传统技术采用的是齿轮换挡的方法,但这种方法使得设备结构复杂,体积较大,故障率高,维修难度大。使用变频器则方便得多,无须增加或改造硬件设备即可实现多段速运行。

1. 实现变频器多段速运行的两种方法

第一种方法称为端子控制法。这种方法首先要通过参数设置使变频器工作在端子控制的多段速运行状态,并使变频器的若干个输入端子成为多段速频率控制端,然后对相应功能参数进行设置,预置各挡转速对应的工作频率,以及加速时间或减速时间。之后即可由逻辑控制电路、PLC 或上位机给出频率选择信号,实现多段速频率运行。

第二种方法称为程序控制法。这种方法不使用多功能输入端子,仅对相关功能参数进行设置,虽然涉及参数较多,但运行方式灵活,且可重复循环运行。

2. 端子控制的多段速运行

在变频器外接输入多功能控制端子中,通过功能预置,将若干个(通常为 2 ~4 个)输入端指定为多挡(3 ~15 挡)转速控制端。转速的切换由外接的开关器件通过改变输入端子的状态及其组合来实现。转速的挡次按二进制的顺序排列,所以两个输入端最多可以组合成 4 挡转速,3 个输入端最多可以组合成 8 挡转速,4 个输入端最多可以组合成 16 挡转速。由于外接的开关触点都是断开(相当于二进制的0)状态,无法判断是没有输入命令(输入全为0)还是输入的命令全为0,所以,通常变频器将全为0的状态视为无效。这样,4位二进制命令只能用作最多15挡的多段速命令。

(二)V20变频器连接宏功能介绍

设置连接宏实际上是对一组控制源相关参数的修改,以此实现标准的接线控制。所有连接宏仅改变第一命令数据组(CDSO)中的参数,第二命令数据组(CDS1)用于BOP控制。V20变频器有Cn000到Cn011共12个连接宏,其中涉及固定频率控制的为Cn003和Cn004,下面对这两种连接宏进行具体的介绍。

1. 连接宏Cn003-固定频率(直接选择模式)

Cn003对应控制接线如图4-13所示。

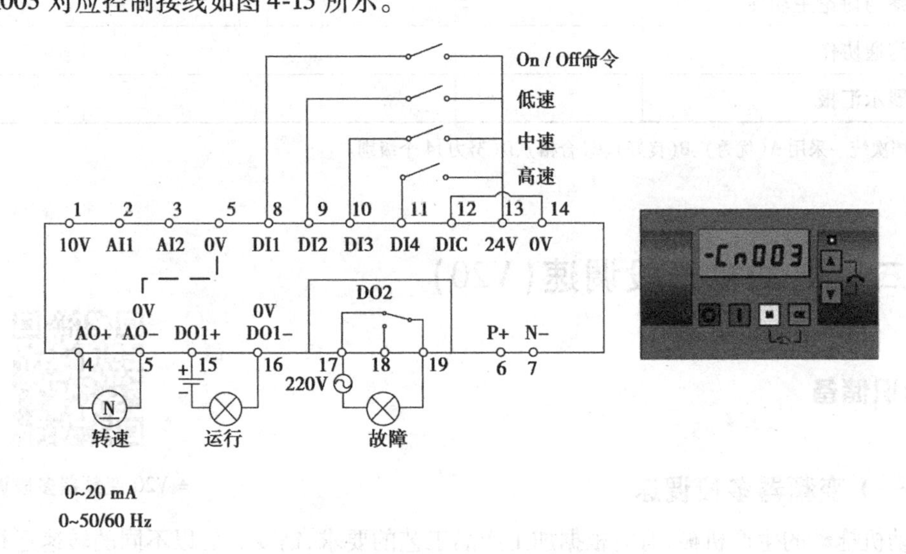

▲图4-13 Cn003对应接线

Cn003对应端子的控制功能见表4-11。

表4-11 Cn003对应端子功能

端子或面板	功能	
BOP面板	未使用,同时按下功能键和OK键可切换至BOP控制	
DI1	ON/OFF1命令	
DI2	选择固定频率10 Hz,可在P1001[0]中设置该频率	同时选择多个频率,则实际频率为相应频率叠加
DI3	选择固定频率15 Hz,可在P1002[0]中设置该频率	
DI4	选择固定频率25 Hz,可在P1003[0]中设置该频率	
AI2	未使用	
AI2	未使用	
DO1	运行指示:接通代表运行,断开代表未运行	
DO2	故障指示:接通代表无故障,断开代表故障(常开点)	
AO1	显示实际输出频率	

Cn003 对应参数设置见表 4-12。

表 4-12　Cn003 对应参数设置

参数	描述	工厂缺省值	Cn003 默认值	备注
P0700[0]	选择命令源	1	2	以端子为命令源
P1000[0]	选择速度给定	1	3	固定频率
P0701[0]	DI1	0	1	ON/OFF1 命令
P0702[0]	DI2	0	15	固定频率选择位 0
P0703[0]	DI3	9	16	固定频率选择位 1
P0704[0]	DI4	15	17	固定频率选择位 2
P1016[0]	固定频率模式	1	1	直接选择模式
P1020[0]	固定频率选择位 0	722.3	722.1	DI2
P1021[0]	固定频率选择位 1	722.4	722.2	DI3
P1022[0]	固定频率选择位 2	722.5	722.3	DI4
P1001[0]	固定频率 1	10	10	低速
P1002[0]	固定频率 2	15	15	中速
P1003[0]	固定频率 3	25	25	高速
P0771[0]	AO	21	21	实际频率
P0731[0]	DO1	52.3	52.2	变频器运行信号
P0732[0]	DO2	52.7	52.3	变频器故障信号

2. 连接宏 Cn004-固定频率(二进制选择模式)

Cn004 对应控制接线如图 4-14 所示。

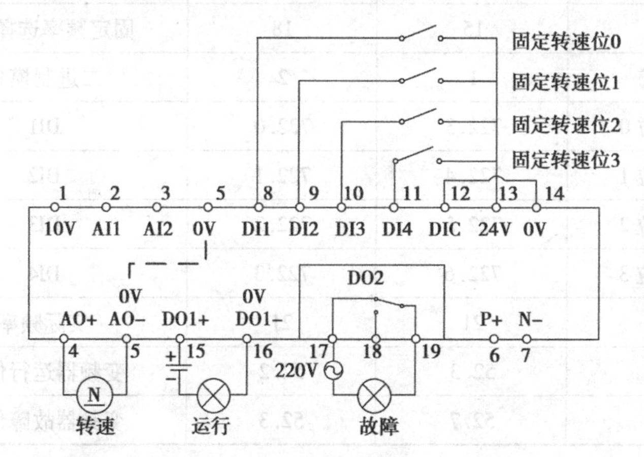

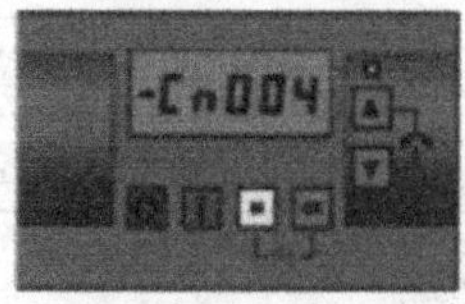

▲图 4-14　Cn004 对应接线

Cn004 对应端子的控制功能见表 4-13。

表 4-13 Cn004 对应端子功能

<table>
<tr><th>端子或面板</th><th colspan="2">功能</th></tr>
<tr><td>BOP 面板</td><td colspan="2">未使用,同时按下功能键和 OK 键可切换至 BOP 控制</td></tr>
<tr><td>DI1</td><td>固定频率选择位 0</td><td rowspan="4">DI4 DI3 DI2 DI1 组成 4 位二进制数,对应十进制数 0 到 15,其中 1 到 15 分别对应 P1001[0]到 P1015[0]设置的频率;4 个 DI 中的任意一个或多个激活的同时变频器开始运行</td></tr>
<tr><td>DI2</td><td>固定频率选择位 1</td></tr>
<tr><td>DI3</td><td>固定频率选择位 2</td></tr>
<tr><td>DI4</td><td>固定频率选择位 3</td></tr>
<tr><td>AI2</td><td colspan="2">未使用</td></tr>
<tr><td>AI2</td><td colspan="2">未使用</td></tr>
<tr><td>D01</td><td colspan="2">运行指示:接通代表运行,断开代表未运行</td></tr>
<tr><td>D02</td><td colspan="2">故障指示:接通代表无故障,断开代表故障(常开点)</td></tr>
<tr><td>A01</td><td colspan="2">显示实际输出频率</td></tr>
</table>

Cn004 对应参数设置见表 4-14。

表 4-14 Cn004 对应参数设置

参数	描述	工厂缺省值	Cn004 默认值	备注
P0700[0]	选择命令源	1	2	以端子为命令源
P1000[0]	选择速度给定	1	3	固定频率
P0701[0]	DI1	0	15	固定频率选择位 0
P0702[0]	DI2	0	16	固定频率选择位 1
P0703[0]	DI3	9	17	固定频率选择位 2
P0704[0]	DI4	15	18	固定频率选择位 3
P1016[0]	固定频率模式	1	2	二进制模式
P1020[0]	固定频率选择位 0	722.3	722.0	DI1
P1021[0]	固定频率选择位 1	722.4	722.1	DI2
P1022[0]	固定频率选择位 2	722.5	722.2	DI3
P1023[0]	固定频率选择位 3	722.6	722.3	DI4
P0771[0]	A0	21	21	实际频率
P0731[0]	D01	52.3	52.2	变频器运行信号
P0732[0]	D02	52.7	52.3	变频器故障信号

二、任务实操

任务单——变频器三段调速

小组名称	
班级	
项目描述	变频器三段调速 按下触摸屏或 PLC 启动按钮，电动机启动运行，启动频率为 10 Hz，再按一次启动按钮，频率变为 15 Hz，再按一次，频率变为 25 Hz，按下触摸屏或者 PLC 停止按钮，电动机停止运行
接线图	根据接线图完成变频器的接线 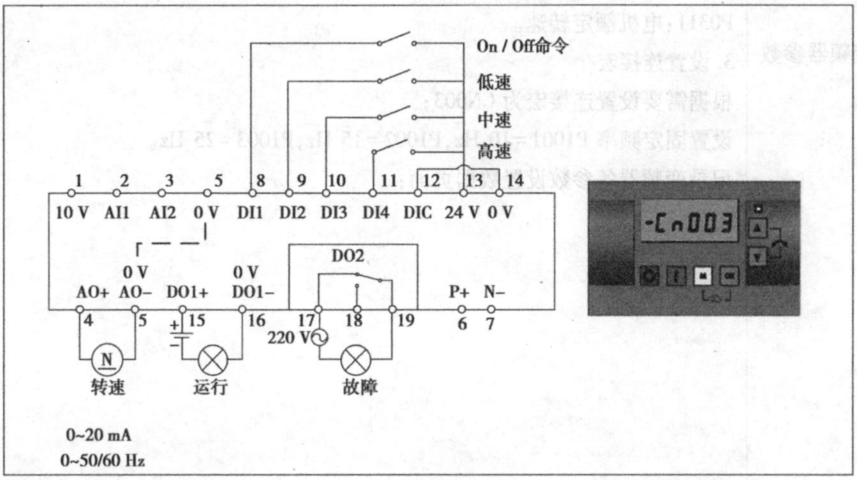 On / Off命令 低速 中速 高速 1 2 3 5 8 9 10 11 12 13 14 10 V AI1 AI2 0 V DI1 DI2 DI3 DI4 DIC 24 V 0 V DO2 0 V 0 V AO+ AO− DO1+ DO1− P+ N− 4 5 15 16 17 18 19 6 7 220 V N 转速 运行 故障 0~20 mA 0~50/60 Hz -Cn003 数字量输入端口 DI1 DI2 DI3 DI4 接入 PLC 对应的输出口，DIC 接入 0 V。 在将变频器系统上电之前请执行如下检查： • 检查所有电缆是否正确连接，以及是否已采取所有相关的产品、工厂/现场安全防护措施； • 确保电机和变频器的配置对应正确的电源电压； • 将所有螺钉拧紧至指定的紧固扭矩。 记录实物接线图：

续表

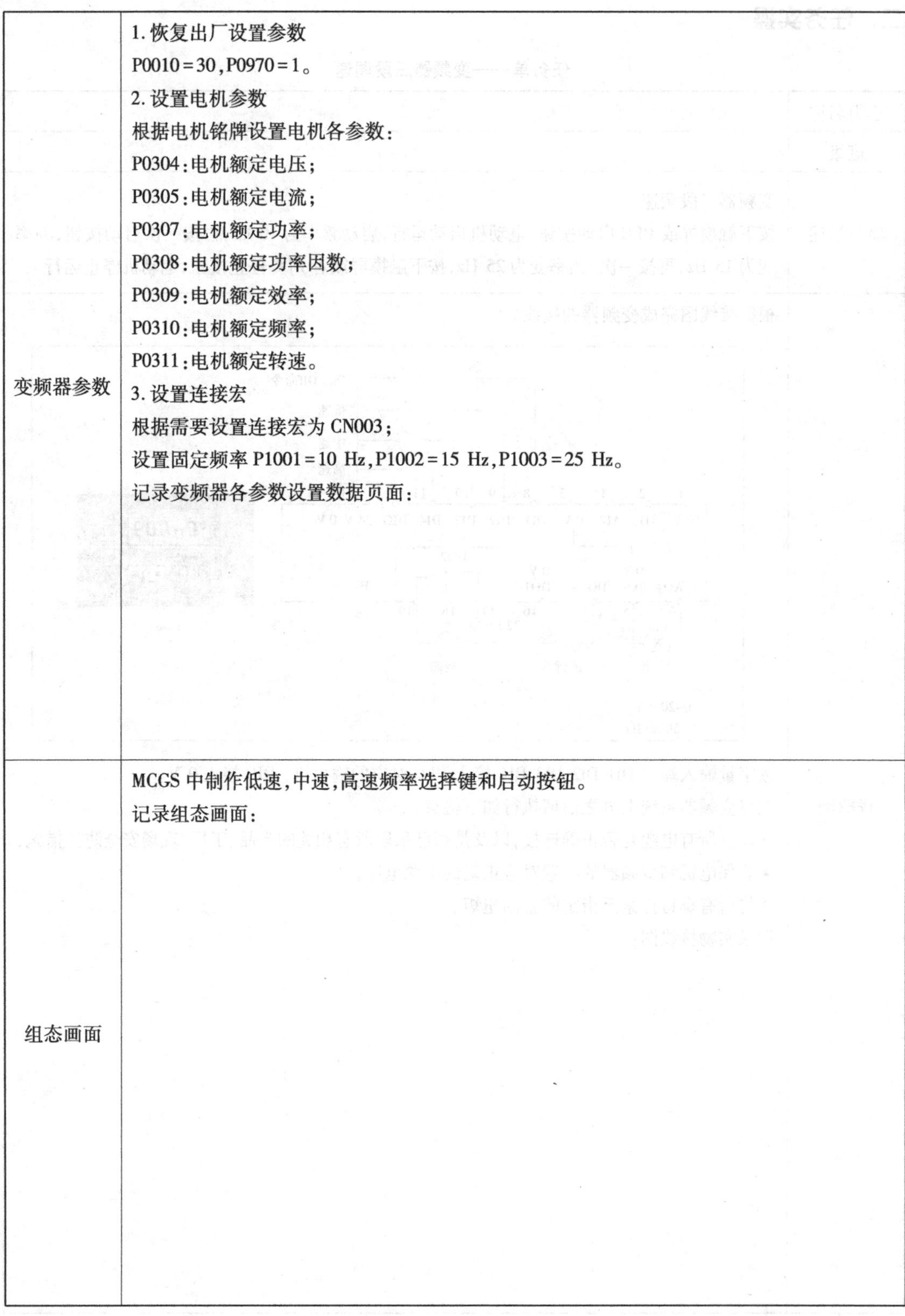

变频器参数	1. 恢复出厂设置参数 P0010=30,P0970=1。 2. 设置电机参数 根据电机铭牌设置电机各参数: P0304:电机额定电压; P0305:电机额定电流; P0307:电机额定功率; P0308:电机额定功率因数; P0309:电机额定效率; P0310:电机额定频率; P0311:电机额定转速。 3. 设置连接宏 根据需要设置连接宏为CN003; 设置固定频率P1001=10 Hz,P1002=15 Hz,P1003=25 Hz。 记录变频器各参数设置数据页面:
组态画面	MCGS中制作低速,中速,高速频率选择键和启动按钮。 记录组态画面:

续表

PLC 程序	TIA 中完成程序编写 记录 PLC 程序:		
KPI 指标	工时:2 学时		难度权重:0.6
团队成员	电气工程师:	OP 手:	质检员:
完成时间	年　月　日		

三、任务评价

实验评价表

序号	评价项目	自我评价	组员互评	教师评价	综合评价
1	学习准备				
2	问题填写				
3	实验操作规范性				
4	实验完成质量				
5	5S 管理				
6	参与讨论主动性				
7	沟通协作				
8	展示汇报				

注:评价档次统一采用 A(优秀)、B(良好)、C(合格)、D(努力)4 个级别。

任务三　电动机五段调速(MM420)

▲ M420 接线

一、知识储备

(一) MM420 操作面板(BOP)

变频器 MM420 基本操作面板(BOP)的外形如图 4-15 所示,利用 BOP 可以改变变频器的各个参数,BOP 具有 7 段显示的五位数字,可以显示参数的序号和数值、报警和故障信息,以及设定值和实际值。参数的信息不能用 BOP 存储。

▲图 4-15　MM420 基本操作面板

基本操作面板(BOP)上的按钮及其功能见表 4-15。

表 4-15　BOP 上的按钮及其功能

显示/按钮	功能	功能的说明
r0000	状态显示	LCD 显示变频器当前的设定值
1	启动变频器	按此键起动变频器。缺省值运行时此键是被封锁的。为了使此键的操作有效,应设定 P0700=1
0	停止变频器	OFF1:按此键,变频器将按选定的斜坡下降速率减速停车,缺省值运行时此键被封锁;为了允许此键操作,应设定 P0700=1; OFF2:按此键两次(或一次,但时间较长)电动机将在惯性作用下自由停车,此功能总是“使能”的
	改变电动机的转动方向	按此键可以改变电动机的转动方向,电动机反向转动时用负号表示或用闪烁的小数点表示。缺省值运行时此键是被封锁的,为了使此键的操作有效,应设定 P0700=1
jog	电动机点动	在变频器无输出的情况下按此键,将使电动机点动运行,并按预设定的点动频率运行。释放此键时,变频器停车。如果变频器/电动机正在运行,按此键将不起作用

续表

显示/按钮	功能	功能的说明
Fn	浏览辅助信息	变频器运行过程中,在显示任何一个参数时按下此键并保持不动 2 s,将显示以下参数值(在变频器运行中从任何一个参数开始): 1. 直流回路电压(用 d 表示,单位:V); 2. 输出电流(A); 3. 输出频率(Hz); 4. 输出电压(V); 5. 由 P0005 选定的数值[如果 P0005 选择显示上述参数中的任何一个(3,4 或 5),这里将不再显示]。连续多次按下此键将轮流显示以上参数。 在显示任何一个参数(r××××或 P××××)时短时间按下此键,将立即跳转到 r0000,如果需要的话,可以接着修改其他的参数。跳转到 r0000 后,按此键将返回原来的显示点
P	访问参数	按此键即可访问参数
▲	增加数值	按此键即可增加面板上显示的参数数值
▼	减少数值	按此键即可减少面板上显示的参数数值

(二)MM420 变频器的参数设置

1. 参数号和参数名称

参数号是指该参数的编号。参数号用0000 到9999 的4 位数字表示。在参数号的前面冠以一个小写字母“r”时,表示该参数是“只读”的参数。其他所有参数号的前面都冠以一个大写字母“P”。这些参数的设定值可以直接在标题栏的“最小值”和“最大值”范围内进行修改。

[下标]表示该参数是一个带下标的参数,并且指定了下标的有效序号。

2. 更改参数的数值实例(以更改参数 P0004 为例)

用 BOP 可以修改和设定系统参数。选择的参数号和设定的参数值在五位数字的 LCD 上显示。更改参数数值的步骤可大致归纳为:①查找所选定的参数号;②进入参数值访问级,修改参数值;③确认并存储修改好的参数值。具体步骤见表 4-16。按照表中说明的类似方法,可以用 BOP 设定常用的参数。

表 4-16　更改 P0004 参数值的步骤

操作步骤	显示结果
①按 P 访问参数	r0000
②按 ▲ 直到显示出 P0004	P0004

续表

操作步骤	显示结果
③按P进入参数数值访问级	0
④按▲或▼达到所需要的数值	3
⑤按P确认并存储参数的数值	P0004

注：使用者只能看到命令参数。

3. 改变参数数值的一个数

为了快速修改参数的数值，可以单独修改显示出的每个数字，操作步骤如下：

(1)按Fn(功能键)，最右边的一个数字闪烁；

(2)按▲/▼，修改这位数字的数值；

(3)再按Fn(功能键)，相邻的下一个数字闪烁；

(4)执行(2)至(3)步，直到显示出所要求的数值；

(5)按P键，退出参数数值的访问级。

(三)MM420 变频器恢复出厂设置和快速调试

1. 恢复变频器出厂设置

设定 P0010=30 和 P0970=1，按下P键开始复位，复位过程大约 3 min，这样就使变频器的参数恢复到工厂默认值。

2. 快速调试(P0010=1)

(1)利用快速调试功能使变频器与实际使用的电动机参数相匹配，并对重要的技术参数进行设定；

(2)在快速调试的各个步骤都完成以后，应选定 P3900，设置为 1，将执行必要的电动机计算，并使其他所有的参数(P0010=1 不包括在内)恢复为出厂默认设置值；

(3)只有在快速调试方式下才进行这一操作。快速调试的操作步骤见表 4-17。

表 4-17 快速调试步骤

步骤	参数号	参数号说明	备注
①	P0003	选择访问级	0：准备运行； 1：快速调试； 30：工厂的缺省设置值

续表

步骤	参数号	参数号说明	备注
②	P0010	P0010=1,开始快速调试	0:准备运行; 1:快速调试; 30:工厂的缺省设置值。 在电动机投入运行之前,P0010 必须回到“0”。但是如果调试结束后选定 P3900=1,那么 P0010 回零的操作是自动进行的
③	P0100	选择工作地区	0:功率单位为 kW;f 的缺省值为 50 Hz; 1:功率单位为 hp;f 的缺省值为 60 Hz; 2:功率单位为 kW;f 的缺省值为 60 Hz
④	P0304	电动机额定电压	根据电动机铭牌设置电动机的额定电压
⑤	P0305	电动机额定电流	根据电动机铭牌设置电动机的额定电流
⑥	P0307	电动机额定功率	根据电动机铭牌设置电动机的额定功率
⑦	P0310	电动机额定频率	根据电动机铭牌设置电动机的额定频率
⑧	P0311	电动机额定速度	根据电动机铭牌设置电动机的额定速度
⑨	P0700	选择命令源	选择命令信号源: 0:出厂时的缺省设置; 1:BOP(变频器键盘)设置; 2:由端子排输入
⑩	P1000	选择频率设定值	选择频率设定值: 0:无频率设定值; 1:MOP 设定值; 2:模拟设定值; 3:固定频率设定值
⑪	P1080	电动机运行的最小频率	输入电动机的最低频率,达到该频率时,电动机的运行速度将与频率的设定值无关。这里设置的值对电动机的正转和反转都是适用的
⑫	P1082	电动机运行的最大频率	输入电动机的最高频率,达到该频率时,电动机的运行速度将与频率的设定值无关。这里设置的值对电动机的正转和反转都是适用的
⑬	P1120	电动机斜坡上升时间	电动机从静止停车加速到最大电动机频率所需的时间
⑭	P1121	电动机斜坡下降时间	电动机从其最大频率减速到静止停车所需的时间

续表

步骤	参数号	参数号说明	备注
⑮	P3900	P3900=1,结束快速调试,进行电动机计算和复位为工厂缺省设置值(推荐的方式)	快速调试结束: 0:不进行快速调试(不进行电动机数据计算); 1:结束快速调试,并复位为出厂时的缺省设置值(推荐); 2:结束快速调试,并 I/O 复位; 3:结束快速调试,仅对电动机数据计算

(四)MM420 变频器多段速控制功能

多段速功能,也称作固定频率,就是设置参数 P1000=3 的条件下,用开关量端子选择固定频率的组合,实现电机多段速度运行。可通过如下 3 种方法实现:

1. 直接选择(P0701-P0703=15)

在这种操作方式下,一个数字输入选择一个固定频率,端子与参数设置对应见表 4-18。

表 4-18 端子与参数设置对应表

端子编号	对应参数	对应频率设置值	说明
5	P0701	P1001	①频率给定源 P1000 必须设置为“3” ②当多个选择同时激活时,给定的频率是它们的总和
6	P0702	P1002	
7	P0703	P1003	

2. 直接选择+ON 命令(P0701-P0703=16)

在这种操作方式下,数字量输入既选择固定频率(表 4-18),又具备启动功能。

3. 二进制编码选择+ON 命令(P0701-P0703=17)

MM420 变频器的 3 个数字输入端口(DIN1 ~ DIN3),通过 P0701 ~ P0703 设置实现多频段控制。每一频段的频率分别由 P1001 ~ P1007 参数设置,最多可实现 7 频段控制,各个固定频率的数值选择见表 4-19。在多频段控制中,电动机的转速方向是由 P1001 ~ P1007 参数所设置的频率正负决定的。3 个数字输入端口,哪一个作为电动机运行、停止控制,哪些作为多段频率控制,是可以由用户任意确定的,一旦确定了某一数字输入端口的控制功能,其内部的参数设置值必须与端口的控制功能相对应。

表 4-19　固定频率选择对应表

频率设定	DIN3	DIN2	DIN1
P1001	0	0	1
P1002	0	1	0
P1003	0	1	1
P1004	1	0	0
P1005	1	0	1
P1006	1	1	0
P1007	1	1	1

（五）MM420 变频器多段速参数设置

MM420 型变频器多段速控制共有 8 段控制速度。通过外部接线端子的控制，可以使其在不同的速度上运转。MM420 变频器多段速参数的设置见表 4-20。

表 4-20　多段速参数设置步骤

参数代码	功能	设定参数	参数含义
P0010	工厂设定	30	0：准备运行； 1：快速调试； 30：工厂的缺省设置值。 在电动机投入运行之前，P0010 必须回到“0”。但是如果调试结束后选定 P3900 = 1，那么 P0010 回零的操作是自动进行的
P0970	参数复位	1	1：设定 P0010 = 30； 2：设定 P0970 = 1。 将变频器的全部参数复位为工厂的缺省设定值
P0010	快速调试	1	
P0100	选择工作地区	0	0：功率单位为 kW；f 的缺省值为 50 Hz； 1：功率单位为 hp；f 的缺省值为 60 Hz； 2：功率单位为 kW；f 的缺省值为 60 Hz
P0304	设置电动机额定电压	根据电动机铭牌设置	电动机的额定电压
P0305	设置电动机额定电流	根据电动机铭牌设置	电动机的额定电流
P0307	设置电动机额定功率	根据电动机铭牌设置	电动机的额定功率
P0310	设置电动机额定频率	根据电动机铭牌设置	电动机的额定频率
P0311	设置电动机额定速度	根据电动机铭牌设置	电动机的额定速度

续表

参数代码	功能	设定参数	参数含义
P3900	结束快速调试	1	本参数只是在 P0010=1(快速调试)时才能改变。 0:不进行快速调试(不进行电动机数据计算); 1:结束快速调试,并复位为出厂时的缺省设置值(推荐); 2:结束快速调试,并 I/O 复位; 3:结束快速调试,仅对电动机数据计算
P0003	扩展访问级	2	2:扩展级:允许扩展访问参数的范围,例如变频器的 I/O 功能
P0700	选择命令源	2	0:出厂时的缺省设置; 1:BOP(变频器键盘)设置; 2:由端子排输入。 改变这一参数时,同时也使所选项目的全部设置值复位为工厂的缺省设置值。例如,把它的设定值由 1 改为 2 时,所有的数字输入都将复位为缺省的设置值
P0701	设定数字输入 1 的功能	17	15:固定频率设定值(直接选择); 16:固定频率设定值(直接选择+ON 命令); 17:固定频率设定值(二进制编码的十进制数(BCD 码)选择+ON 命令)
P0702	设定数字输入 2 的功能	17	
P0703	设定数字输入 3 的功能	17	
P1000	频率设定选择	3	0:无频率设定值; 1:MOP 设定值; 2:模拟设定值; 3:固定频率设定值
P1001	设定固定频率 1	—	—
P1002	设定固定频率 2	—	—
P1003	设定固定频率 3	—	—
P1004	设定固定频率 4	—	—
P1005	设定固定频率 5	—	—
P1006	设定固定频率 6	—	—
P1007	设定固定频率 7	—	—
P1040	MOP 设定值	0 Hz	确定电动电位计控制(P1000=1)时的设定值

续表

参数代码	功能	设定参数	参数含义
P1120	斜坡上升时间	—	—
P1121	斜坡下降时间	—	—
P1300	控制方式	—	—

二、任务实操

任务单——变频器五段调速

小组名称	
班级	
项目描述	变频器五段调速 按下触摸屏或PLC启动按钮,电动机启动运行,启动频率为-50 Hz,再按一次启动按钮,频率变为-30 Hz,再按一次启动按钮,频率变为10 Hz,再按一次启动按钮,频率变为30 Hz,再按一次启动按钮,频率变为50 Hz,按下触摸屏或者PLC停止按钮,电动机停止运行
接线图	根据接线图完成变频器的接线 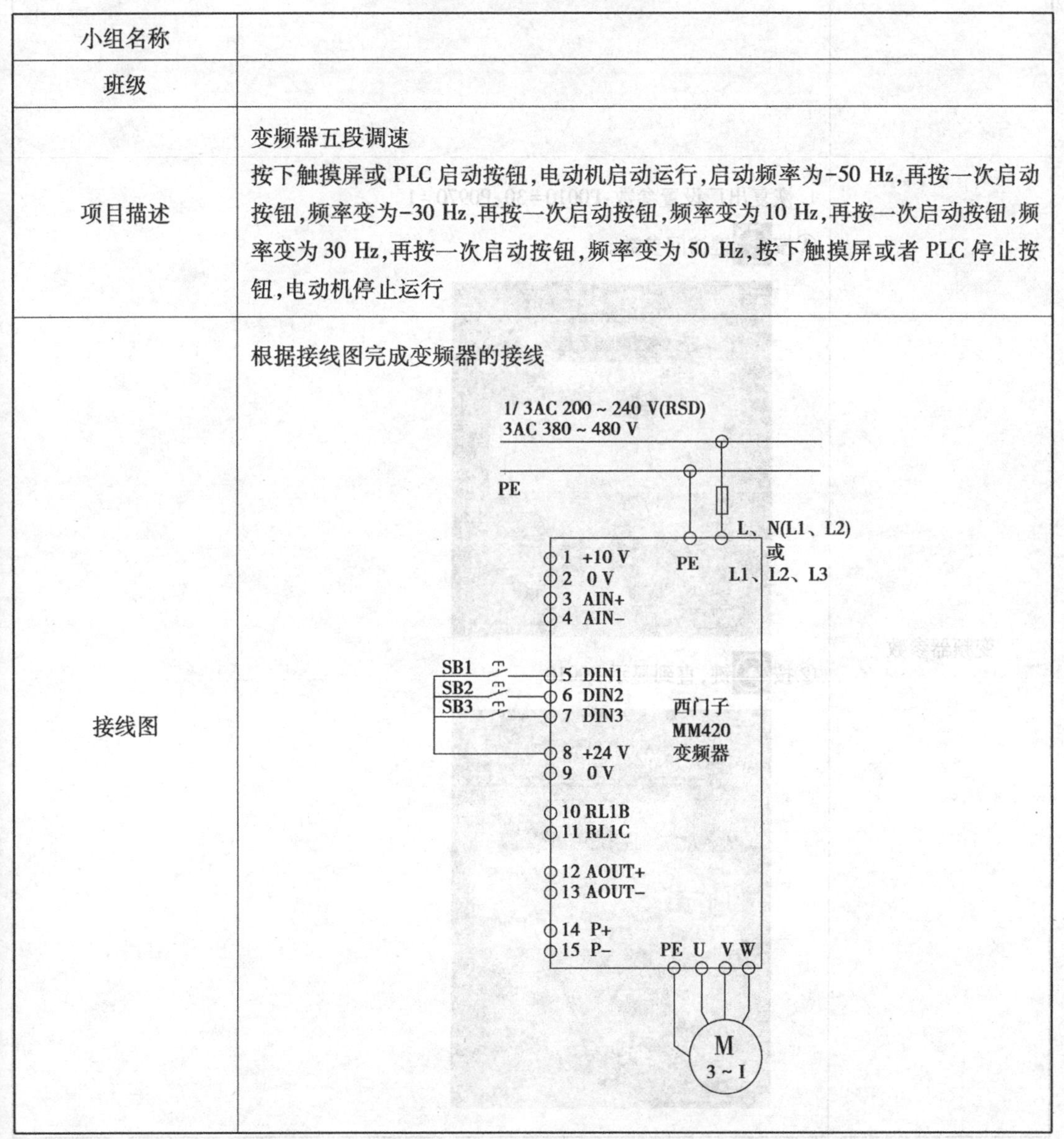

续表

<table>
<tr><td rowspan="2">接线图</td><td>5、6、7 数字量输入接线端、8 公共端接入 PLC 对应的输出口。
在变频器系统上电之前请执行如下检查：
●检查所有电缆的连接是否正确，以及是否已采取所有相关的产品、工厂/现场安全防护措施；
●确保电机和变频器的配置对应正确的电源电压；
●将所有螺钉拧紧至指定的紧固扭矩。
记录实物接线图：</td></tr>
<tr><td></td></tr>
<tr><td>变频器参数</td><td>1. 恢复出厂设置参数：P0010＝30，P0970＝1
①按 P 键访问参数。

②按 ▲ 键，直到显示 P0010。

</td></tr>
</table>

续表

<table>
<tr><td rowspan="1">变频器参数</td><td>③按 P 键进入参数数值访问级。

④按 ▲ 键达到所需要的数值 30。

⑤按 P 键确认并存储参数的数值。

</td></tr>
</table>

续表

<table>
<tr><td>变频器参数</td><td>同样的方法设置 P0970=1。

2. 设置电机参数
设置 P0010=1,开始快速调试,根据电机铭牌设置电机各参数。
P0304:电机额定电压;
P0305:电机额定电流;
P0307:电机额定功率;
P0308:电机额定功率因数;
P0309:电机额定效率;
P0310:电机额定频率;
P0311:电机额定转速。
操作步骤如下图所示。
</td></tr>
</table>

续表

<table>
<tr><td>变频器参数</td><td>

3. 设置固定转速
设置固定频率 P1001 = −50 Hz, P1002 = −30 Hz, P1003 = 10 Hz, P1004 = 30 Hz, P1005 = 50 Hz。
记录变频器各参数设置数据页面：</td></tr>
</table>

续表

<table>
<tr><td>组态画面</td><td colspan="3">MCGS 中制作五段转速选择键和启动按钮。
记录组态画面：</td></tr>
<tr><td>PLC 程序</td><td colspan="3">TIA 中完成程序编写。
记录 PLC 程序：</td></tr>
<tr><td>KPI 指标</td><td colspan="2">工时:2 学时</td><td>难度权重:0.6</td></tr>
<tr><td>团队成员</td><td>电气工程师：</td><td>OP 手：</td><td>质检员：</td></tr>
<tr><td>完成时间</td><td colspan="3">年　　月　　日</td></tr>
</table>

三、任务评价

实验评价表

序号	评价项目	自我评价	组员互评	教师评价	综合评价
1	学习准备				
2	问题填写				
3	实验操作规范性				
4	实验完成质量				
5	5S 管理				
6	参与讨论主动性				
7	沟通协作				
8	展示汇报				

注：评价档次统一采用 A(优秀)、B(良好)、C(合格)、D(努力)4 个级别。

任务四　电动机八段调速(G120C)

一、知识储备

(一)G120C 变频器操作面板

G120C 变频器是一款用于控制三相电机转速的紧凑型变频器,为确保其操作及监控的便捷高效,共提供了 3 种不同的操作面板:①基本操作面板(BOP-2);②智能操作面板(IOP-2);③智能连接模块(G120 Smart Access)。G120C 变频器基本操作面板的外观图如图 4-16 所示。

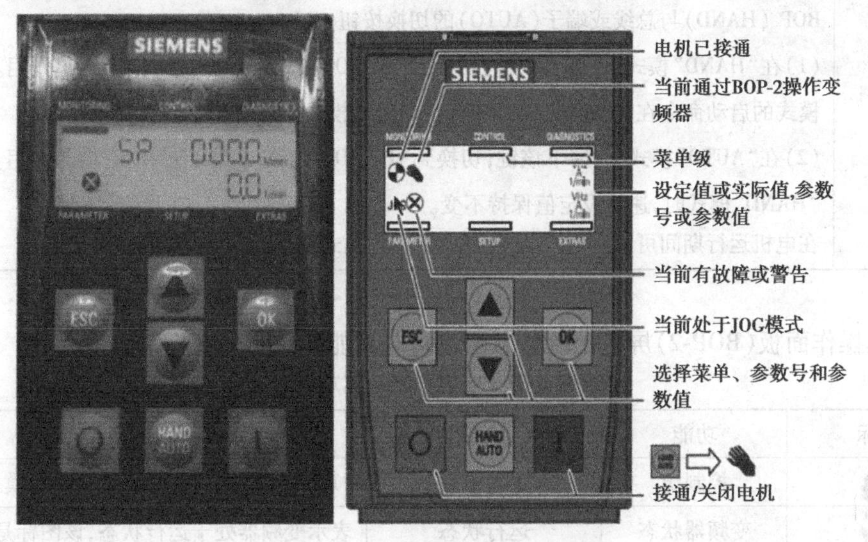

▲图 4-16　G120C 基本操作面板

基本操作面板(BOP-2)上的按钮及其功能见表 4-21。

表 4-21　BOP-2 上的按钮及其功能

按钮	功能描述
OK	(1)在菜单选择时,表示确认所选的菜单项; (2)当参数选择时,表示确认所选的参数和参数值设置,并返回上一级画面; (3)在故障诊断画面,使用该按钮可以清除故障信息
▲	(1)在菜单选择时,表示返回上一级的画面; (2)当参数修改时,表示改变参数号或参数值; (3)在“HAND”模式下,点动运行方式下,长时间同时按▲和▼可以实现以下功能:若在正向运行状态下,则将切换反向状态;若在停止状态下,则将切换到运行状态
▼	(1)在菜单选择时,表示进入下一级的画面; (2)当参数修改时,表示改变参数号或参数值

续表

按钮	功能描述
ESC	(1)若按该按钮 2 s 以下、表示返回上一级菜单,或表示不保存所修改的参数值; (2)若按该按钮 3 s 以上,将返回监控画面 注意:在参数修改模式下,此按钮表示不保存所修改的参数值,除非之前已经按 OK
I	(1)在“AUTO”模式下,该按钮不起作用; (2)在“HAND”模式下,表示起动命令
O	(1)在“AUTO”模式下,该按钮不起作用; (2)在“HAND”模式下,若连续按两次,将“OFF2”自由停车
HAND AUTO	BOP (HAND)与总线或端子(AUTO)的切换按钮 (1)在“HAND”模式下,按下该键,切换到“AUTO”模式。I 和 O 按键不起作用。若自动模式的启动命令在,变频器自动切换到“AUTO”模式下的速度给定值。 (2)在“AUTO”模式下,按下该键,切换到“HAND”模式。I 和 O 按键将起作用。切换到“HAND”模式时,速度设定值保持不变。 在电机运行期间可以实现“HAND”和“AUTO”模式的切换

基本操作面板(BOP-2)屏幕上的状态图标对应功能和状态见表 4-22。

表 4-22 状态图标及其功能

图标	功能	状态	描述
	控制源	手动模式	“HAND”模式下会显示,“AUTO”模式下没有
	变频器状态	运行状态	表示变频器处于运行状态,该图标是静止的
JOG	“JOG”功能	点动功能激活	—
	故障和报警	静止表示报警 闪烁表示故障	故障状态下,会闪烁,变频器会自动停止。静止图标表示处于报警状态

基本操作面板(BOP-2)的菜单及其功能见表 4-23。

表 4-23 状态图标及其功能

菜单	功能描述
MONITOR	监视菜单:运行速度、电压和电流值显示
CONTROL	控制菜单:使用 BOP-2 面板控制变频器
DIAGNOS	诊断菜单:故障报警和控制字、状态字的显示
PARAMS	参数菜单:查看或修改参数
SETUP	调试向导:快速调试
EXTRAS	附加菜单:设备的工厂复位和数据备份

（二）G120C 变频器参数设置

修改参数值是在菜单“PARAMS（参数菜单）”和“SETUP（快速向导）”中进行。

1. 选择参数号

（1）当显示的参数号闪烁时，按▲和▼键选择所需的参数号；

（2）按OK键进入参数，显示当前参数值。

2. 修改参数值

（1）当显示的参数值闪烁时，按▲和▼键选择所需的参数值；

（2）按OK键保存参数值。

3. 修改参数值示例

下列步骤以修改 P700[0]参数为例：

（1）按▲和▼键将光标移动到“PARAMS”；

（2）按OK键进入“PARAMS”菜单；

（3）按▲和▼键选择“EXPERT FILTER”功能；

（4）按OK键进入，面板显示 r 或 p 参数，并且参数号不断闪烁，按▲和▼键选择所需的参数 P700。

（5）按OK键焦点移动到参数下标[00]，[00]不断闪烁，按▲和▼键可以选择不同的下标。本例选择[00]；

（6）按OK键焦点移动到参数值，参数值不断闪烁，按▲和▼键调整参数数值；

（7）按OK键保存参数值，画面返回到步骤(4)的状态。

≙ G120 参数设置

（三）G120C 变频器恢复出厂设置和快速调试

1. 恢复出厂设置

（1）按下 Esc 键回到主菜单，按▲和▼键将光标移动到“SETUP”菜单；

（2）按OK键进入“SETUP”菜单，显示工厂复位功能。如果需要复位按OK键，按▲和▼键选择“YES”，按OK键开始工厂复位，面板显示“BUSY”；如果不需要工厂复位，按▼键。

2. 快速调试

快速调试通过设置电机参数、变频器的命令源、速度设定源等基本参数，从而达到简单快速运转电机的一种操作模式。G120C 变频器快速调试步骤见表 4-24。

表 4-24 G120C 变频器快速调试步骤

步骤序号	参数	名称	调试结果	备注
1	P96	访问参数级别	STANDARD	STANDARD 标准驱动控制 DYNAMIC 动态驱动控制 EXPERT 面向专家的基本调试
2	P100	电机标准 EUR/USA	KW 50 Hz IEC	50 Hz 为中国通用标准
3	P210	变频器的连接电压	380 V	—
4	P300	电机类型	INDUCT	INDUCT 异步电机
5	87 Hz	电机 87 Hz 运行	No	只有选择了 IEC(EUR/USA = KW50 Hz)作为电机标准,BOP-2 才会选择该步骤
6	P304	电机额定电压	参考电机铭牌	—
7	P305	电机额定电流	参考电机铭牌	—
8	P307	电机额定功率	参考电机铭牌	—
9	P310	电机额定频率	参考电机铭牌	—
10	P311	电机额定转速	参考电机铭牌	—
11	P335	冷却方式	0 SELF	SELF 自然冷却 FORCED 强制冷却 LIQUID 液冷 NO FAN 无风扇
12	P501	选择应用	0 VEC STD	VEC STD 恒定负载:典型应用为输送驱动 PUMP FAN 决定转速的负载:典型应用为泵和风机
13	P15	宏	选择与应用相适宜的变频器接口的缺省设置	—
14	P1080	电动机最低转速	参考电机铭牌	—
15	P1082	电动机最高转速	参考电机铭牌	—
16	P1120	加速时间	根据实际需要设置	—
17	P1121	减速时间	根据实际需要设置	—
18	P1135	急停时间	根据实际需要设置	—
19	P1900	识别方式	0 OFF	OFF 无电机数据测量 STRTOP 测量静止状态和旋转状态下的电机数据
20	FINISH	结束快速调试	使用箭头键切换 NO→YES,按下 OK 键	—

二、任务实操

任务单——变频器八段调速

<table>
<tr><td>小组名称</td><td></td></tr>
<tr><td>班级</td><td></td></tr>
<tr><td>项目描述</td><td>变频器八段调速
按下触摸屏或 PLC 启动按钮,电动机启动运行,启动频率为-50 Hz,再按一次启动按钮,频率变为-30 Hz,再按一次启动按钮,频率变为-20 Hz,再按一次启动按钮,频率变为-10 Hz,再按一次启动按钮,频率变为 10 Hz,再按一次启动按钮,频率变为 20 Hz,再按一次启动按钮,频率变为 30 Hz,再按一次启动按钮,频率变为 50 Hz,按下触摸屏或者 PLC 停止按钮,电动机停止运行</td></tr>
<tr><td>接线图</td><td>根据接线图完成变频器的接线 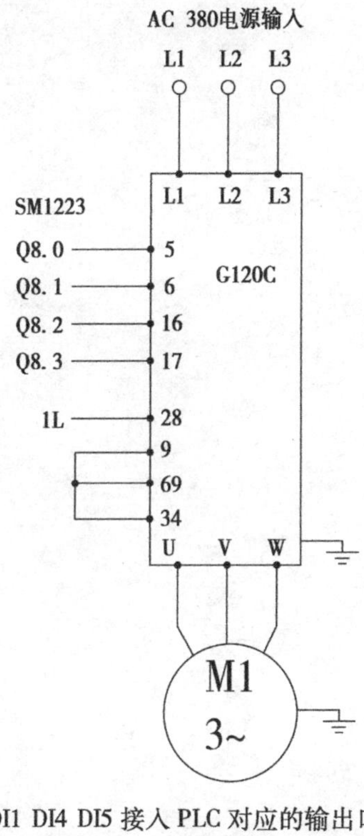
AC 380电源输入
L1 L2 L3
L1 L2 L3
SM1223
Q8.0 — 5
Q8.1 — 6
Q8.2 — 16
Q8.3 — 17
G120C
1L — 28
9
69
34
U V W
M1
3~
DI0 DI1 DI4 DI5 接入 PLC 对应的输出口,DICOM1 DICOM2 接入 0 V
在将变频器系统上电之前请执行如下检查:
• 检查所有电缆是否正确连接,是否已采取所有相关的产品、工厂/现场安全防护措施;
• 确保电机和变频器的配置对应正确的电源电压;
• 将所有螺钉拧紧至指定的紧固扭矩。
记录实物接线图:</td></tr>
</table>

续表

<table>
<tr>
<td>变频器参数</td>
<td>
1. 恢复出厂设置参数
设置参数 RESET=YES 等待 30 s。
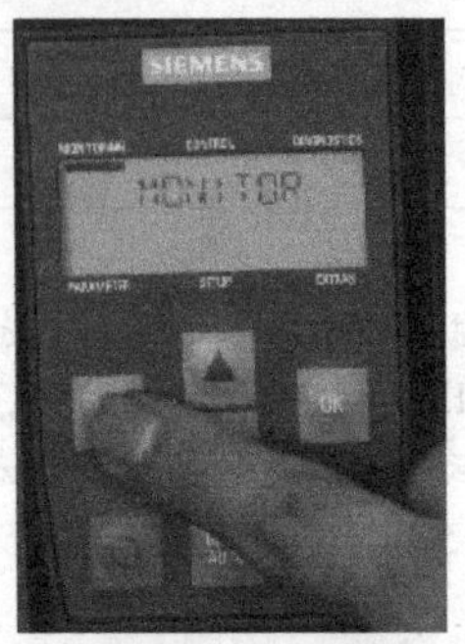

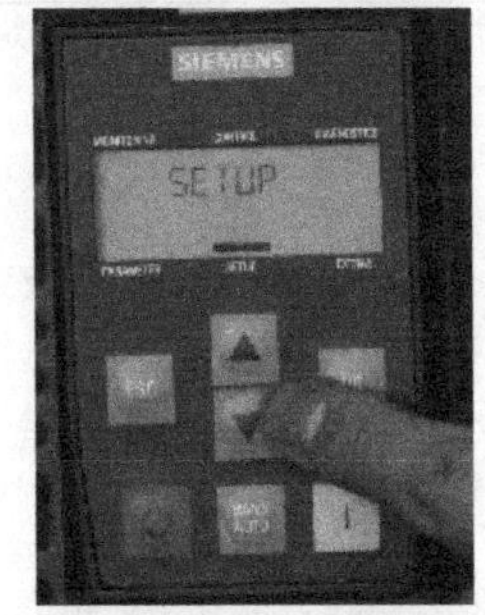

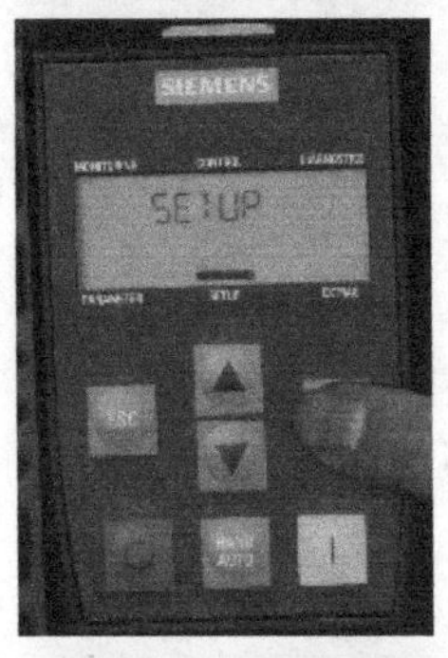

</td>
</tr>
</table>

续表

<table>
<tr>
<td>变频器参数</td>
<td>
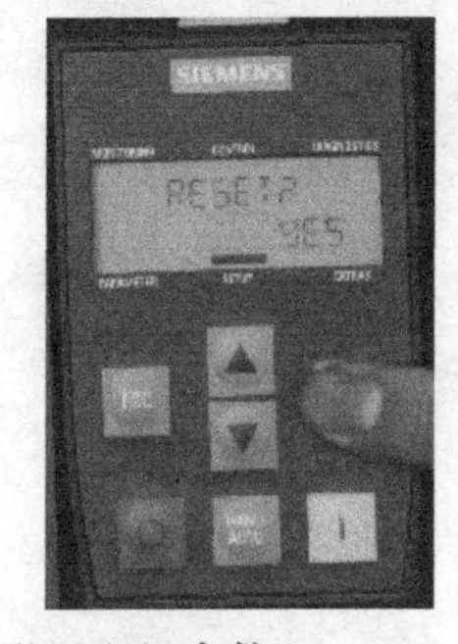

2. 设置电机参数
根据电机铭牌设置电机各参数。
P0304：电机额定电压；
P0305：电机额定电流；
P0307：电机额定功率；
P0310：电机额定频率；
P0311：电机额定转速。
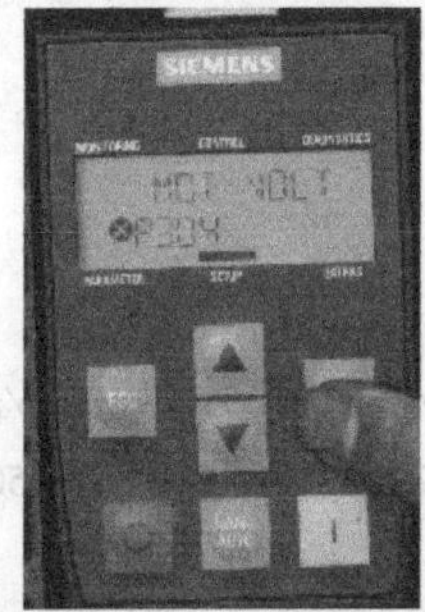

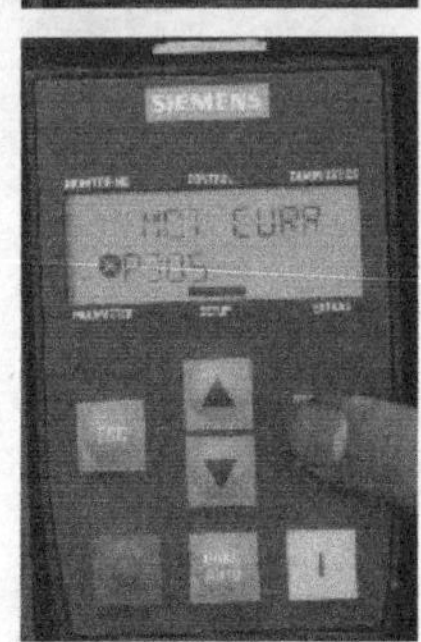

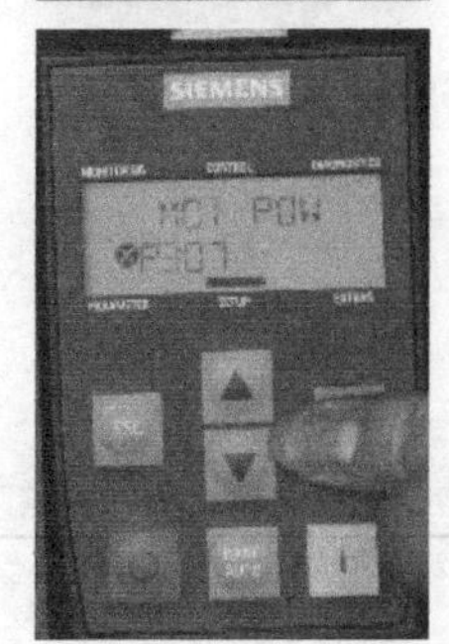

</td>
</tr>
</table>

续表

<table>
<tr><td>变频器参数</td><td>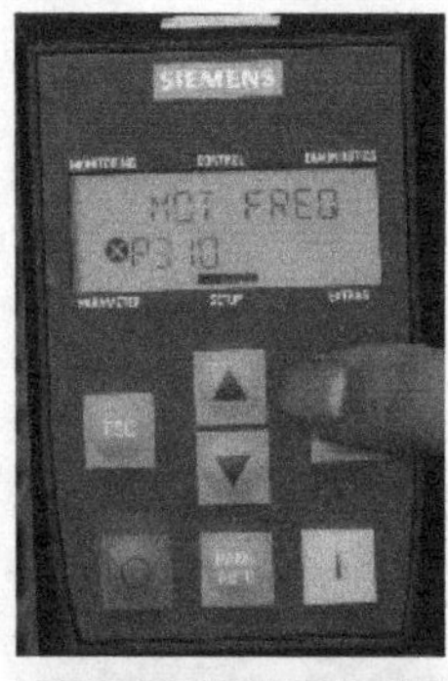

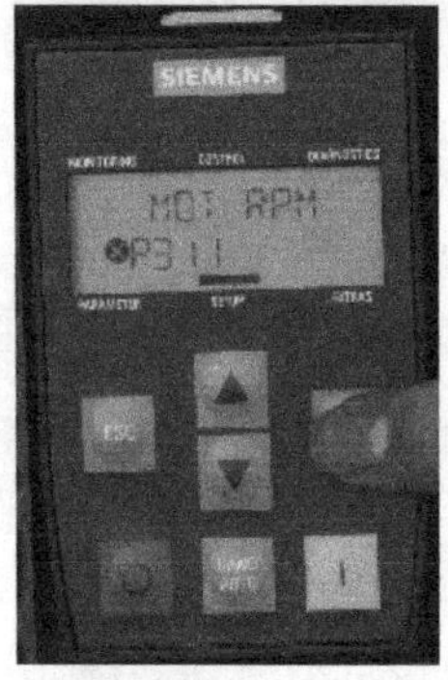

3. 设置固定转速
设置固定转速参数 P15=3,P1016=2
设置固定转速 P1001=-1 500 r/min,P1003=-900 r/min,P1005=-600 r/min,P1007=-300 r/min,P1009=300 r/min,P1011=600 r/min,P1013=900 r/min,P1015=1 500 r/min。
记录变频器各参数设置数据页面:</td></tr>
</table>

续表

<table>
<tr><td>组态画面</td><td colspan="3">MCGS 中制作八段转速选择键和启动按钮。
记录组态画面：</td></tr>
<tr><td>PLC 程序</td><td colspan="3">TIA 中完成程序编写。
记录 PLC 程序：</td></tr>
<tr><td>KPI 指标</td><td colspan="2">工时:2 学时</td><td>难度权重:0.6</td></tr>
<tr><td>团队成员</td><td>电气工程师：</td><td>OP 手：</td><td>质检员：</td></tr>
<tr><td>完成时间</td><td colspan="3">年　月　日</td></tr>
</table>

三、任务评价

实验评价表

序号	评价项目	自我评价	组员互评	教师评价	综合评价
1	学习准备				
2	问题填写				
3	实验操作规范性				
4	实验完成质量				
5	5S 管理				
6	参与讨论主动性				
7	沟通协作				
8	展示汇报				

注:评价档次统一采用 A(优秀)、B(良好)、C(合格)、D(努力)4 个级别。

任务五　电动机模拟量控制(G120C)

一、知识储备

(一)变频器频率给定信号的方式

在变频器中,通过操作面板、通信接口或输入端子调节频率大小的指令信号,称为给定信号。所谓外接频率给定是指变频器通过信号输入端从外部得到频率的给定信号。

1. 数字量给定方式

频率给定信号为数字量,这种给定方式的频率精度很高,可精确到给定频率的 0.01% 以内。常见的给定方式有以下两种:

(1)面板给定。即通过面板上的"升键"和"降键"来设置频率的数值。

(2)通信接口给定。由上位机或 PLC 通过接口进行给定。现在多数变频器都带有 RS-485 接口或 RS-232 接口,方便与上位机(如 PLC、单片机、PC 等)的通信,上位机可将设置的频率数值传送给变频器。

2. 模拟量给定方式

频率给定信号为模拟量,主要有电压信号、电流信号。当进行模拟量给定时,变频器输出的精度略低,约在最大频率的 0.2% 以内。常见的给定方法有以下两种:

(1)电位器给定。利用电位器的连接提供给定信号,该信号为电压信号(采用模拟电压信号输入方式输入给定频率时,为了提高变频调速的控制精度,必须配备一个高精度的直流电源)。

(2)直接电压(或电流)给定。由外部仪器设备直接向变频器的给定端输出电压或电流信号。需注意的是,当信号源与变频器距离较远时,应采用电流信号给定,以消除因线路压降引起的误差,通常取4~20 mA,以利于区别零信号和无信号(零信号:信号线路正常,信号值为零;无信号:信号线路因断路或未工作而没有信号)。

(二)变频器的PLC模拟量控制

为满足温度、速度、流量等工艺变量的控制要求,常常要对这些模拟量进行控制,PLC模拟量控制模块的使用也日益广泛。通常情况下,变频器的速度调节可采用键盘调节或电位器调节等方式。但是,在速度要求根据工艺而变化时,仅利用上述两种方式不能满足生产控制要求,而利用PLC灵活编程及控制的功能,实现速度因工艺而变化,可以较容易地满足生产的要求。

使用PLC的模拟量控制变频器时,考虑到变频器本身产生强干扰信号,而模拟量抗干扰能力较差、数字量抗干扰能力强的特性,为了最大限度地消除变频器对模拟量的干扰,在布线和接地等方面就需要采取更加严密的措施。

1. 信号线与动力线必须分开走线

使用模拟量信号进行远程控制变频器时,为了减少模拟量受来自变频器和其他设备的干扰,须将控制变频器的信号线与强电回路(主回路及顺控回路)分开走线。

2. 模拟量控制信号线应使用双股绞合屏蔽线

导线规格为0.5~2 mm^2,在接线时一定要注意,电缆剥线要尽可能短(5~7 mm),同时对剥线以后的屏蔽层要用绝缘胶布包起来,以防止屏蔽线与其他设备接触引入干扰。

3. 变频器的接地应该与PLC控制回路单独接地

在不能够保证单独接地的情况下,为了减少变频器对控制器的干扰,控制回路接地可以悬空,但变频器一定要保证可靠接地。在控制系统中建议将模拟量信号线的屏蔽线两端都悬空,同时,由于PLC与变频器共用一个接地,因此,建议在可能的情况下,将PLC单独接地。

4. 变频器与电机间的接线距离

变频器与电机间的接线距离较长的场合,来自电缆的高次谐波漏电流,会对变频器和周边设备产生不利影响。因此,为减少变频器的干扰,需要对变频器的载波频率进行调整。

(三)变频器G120C预定义接口宏

1. 预定义接口宏

宏就是预定接线端子(如数字量、模拟量)完成特定功能(如多段调速),预定义端子的定义可以修改。变频器G120C为满足不同的接口定义提供了多种预定义接口宏的宏,若宏完全符合应用则直接设置宏程序即可,若宏不能完全满足客户应用,则选相近的宏,然后调整不同接口的定义即可。

2. 预定义接口宏的修改

宏编号设置在参数P0015中,因此可以通过参数P0015修改宏,操作步骤如下:

(1)设置P0010=1;

(2)修改P0015;

(3)设置 P0010=0。

修改过程中需要注意:①只有在设置 P0010=1 时,才能更改 P0015 的值;②只有在设置 P0010=0 时,宏程序设置才能生效。

3. 预定义接口宏的修改

变频器 G120C 的预定义接口宏编号及其功能见表 4-25。

表 4-25 预定义接口宏编号及其功能

宏编号	宏功能
宏程序 1	双方向两线制控制,两个固定转速
宏程序 2	单方向两个固定转速,预留安全功能
宏程序 3	单方向 4 个固定转速
宏程序 4	现场总线 PROFIBUS 控制
宏程序 5	现场总线 PROFIBUS 控制,预留安全功能
宏程序 6	现场总线 PROFIBUS 控制,预留两项安全功能
宏程序 7	现场总线 PROFIBUS 控制和点动切换
宏程序 8	端子启动,电动电位器(MOP),预留安全功能
宏程序 9	端子启动,电动电位器(MOP)
宏程序 12	端子启动,模拟量调速
宏程序 13	端子启动,模拟量调速,预留安全功能
宏程序 14	现场总线 PROFIBUS 控制和电动电位器(MOP)切换
宏程序 15	模拟给定和电动电位器(MOP)切换
宏程序 17	双方向两线制控制,模拟量调速(方法 2)
宏程序 18	双方向两线制控制,模拟量调速(方法 3)
宏程序 19	双方向三线制控制,模拟量调速(方法 1)
宏程序 20	双方向三线制控制,模拟量调速(方法 2)
宏程序 21	现场总线 USS 控制

二、任务实操

任务单——变频器模拟量控制

小组名称	
班级	
项目描述	变频器八段调速 在 G120 变频器中实现模拟量控制,在触摸屏输入框中输入转速,按下触摸屏或 PLC 启动按钮,电动机按照对应频率启动运行。按下触摸屏或者 PLC 停止按钮,电动机停止运行。

续表

接线图	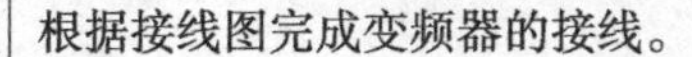 根据接线图完成变频器的接线。  ▲ G120 模拟量控制 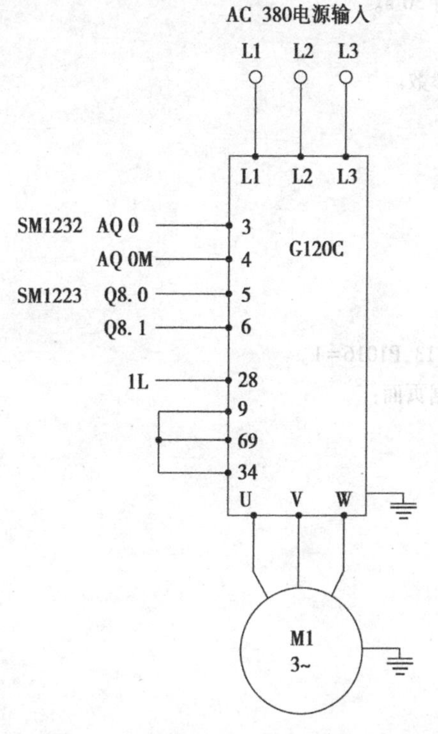 AI0+、AI0-、DI0、DI1 接入 PLC 对应的输出口,DICOM1、DICOM2 接入 0 V 在将变频器系统上电之前请执行如下检查: ● 检查所有电缆是否正确连接,是否已采取所有相关的产品、工厂/现场安全防护措施; ● 确保电机和变频器的配置对应正确的电源电压; ● 将所有螺钉拧紧至指定的紧固扭矩。 记录实物接线图:

续表

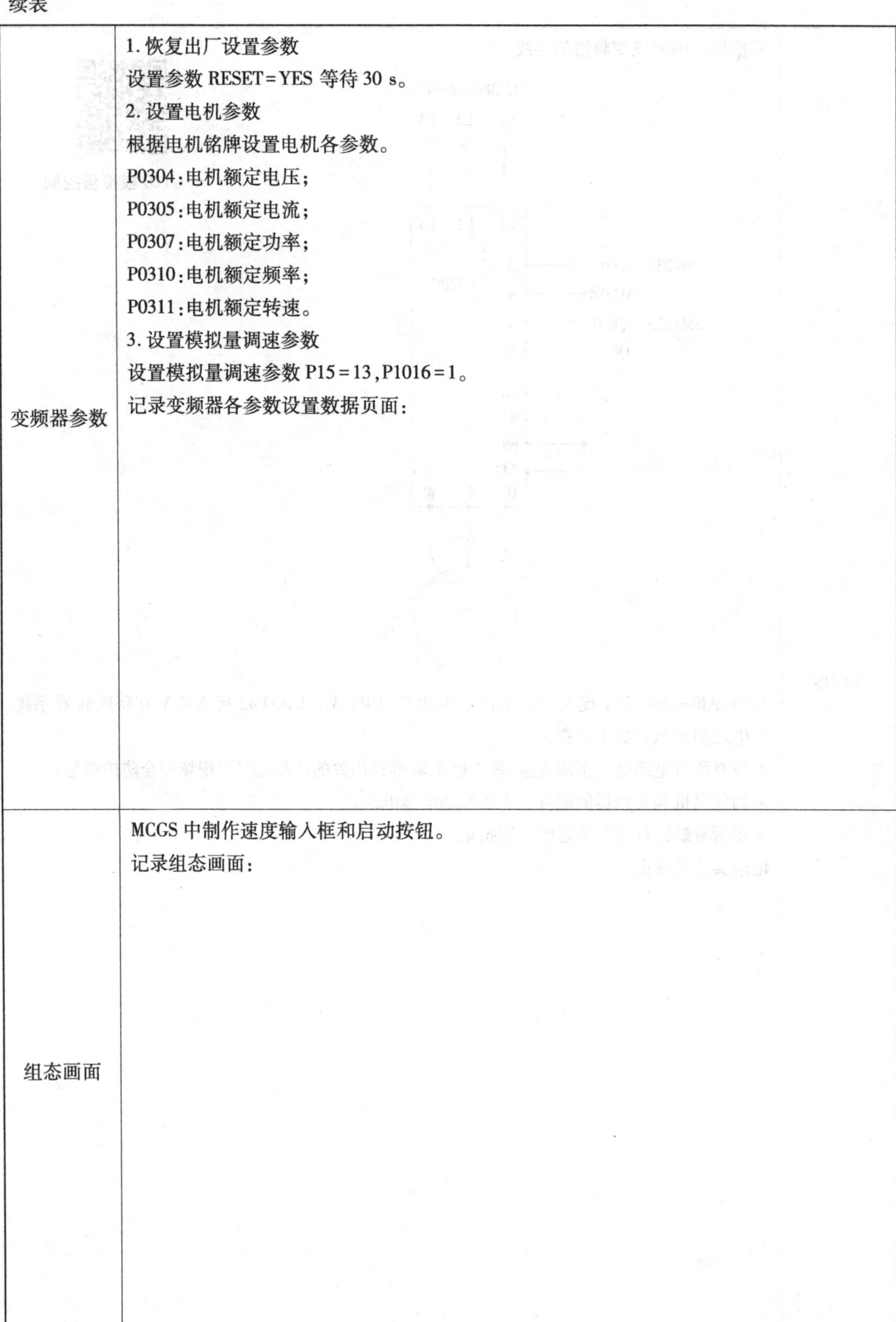

变频器参数	1. 恢复出厂设置参数 设置参数 RESET=YES 等待 30 s。 2. 设置电机参数 根据电机铭牌设置电机各参数。 P0304：电机额定电压； P0305：电机额定电流； P0307：电机额定功率； P0310：电机额定频率； P0311：电机额定转速。 3. 设置模拟量调速参数 设置模拟量调速参数 P15=13，P1016=1。 记录变频器各参数设置数据页面：
组态画面	MCGS 中制作速度输入框和启动按钮。 记录组态画面：

续表

PLC 程序	TIA 中完成程序编写。 记录 PLC 程序：		
KPI 指标	工时:2 学时		难度权重:0.6
团队成员	电气工程师：	OP 手：	质检员：
完成时间	年　月　日		

三、任务评价

实验评价表

序号	评价项目	自我评价	组员互评	教师评价	综合评价
1	学习准备				
2	问题填写				
3	实验操作规范性				
4	实验完成质量				
5	5S 管理				
6	参与讨论主动性				
7	沟通协作				
8	展示汇报				

注:评价档次统一采用 A(优秀)、B(良好)、C(合格)、D(努力)4 个级别。

分拣站控制

【项目目标】

1. 会根据实际工程选择步进驱动器和步进电机；
2. 能理解分拣站控制逻辑；
3. 能完成分拣站的梯形图的编制；
4. 能完成分拣站的监控画面制作；
5. 能完成分拣站的综合调试。

【项目任务】

OIS(作业指导书)与WES(操作要素)			班组		
			作业内容	分拣站控制	
关键点标识	安全　人机工程　关键操作　质量控制　防错				
No.	操作顺序	品质特性及基准	操作要点	关键点	工具设备
※	设备点检	设备点检基准书	目视、触摸、操作	安全	电动机、变频器
1	BOP启动(V20)		目测、操作	质量控制	
2	三段调速(V20)		目测、操作	质量控制	
3	五段调速(MM420)				
4	八段调速(G120C)				
5	模拟量控制(G120C)				
质量标准	实验设备:步进电机,步进驱动器,导线 (1)按照接线标准完成硬件接线; (2)掌握步进驱动器的使用、参数的设置及快速调试; (3)在HMI面板中实现手动和点动模式下的电动机启停; (4)在HMI面板上实现步进电机的正反转以及位置控制				
突发质量问题处理流程	OP手 > 报告监督员 > 报告工程师 > 报告质检科 > 报告经理 > 报告厂长				

续表

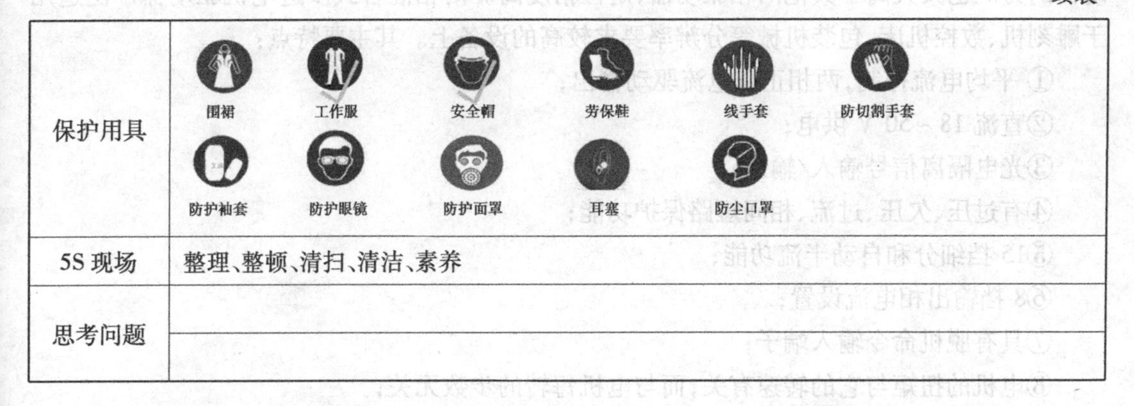

保护用具	围裙　工作服　安全帽　劳保鞋　线手套　防切割手套 防护袖套　防护眼镜　防护面罩　耳塞　防尘口罩
5S 现场	整理、整顿、清扫、清洁、素养
思考问题	

任务一　步进驱动器与步进电机

▲步进电机介绍

一、知识储备

（一）步进驱动器概述

步进驱动器和步进电机是工业控制中常用的一种低成本开环运动控制的一种应用方案，接下来我们看看驱动器(图 5-1)和电机(图 5-2)。

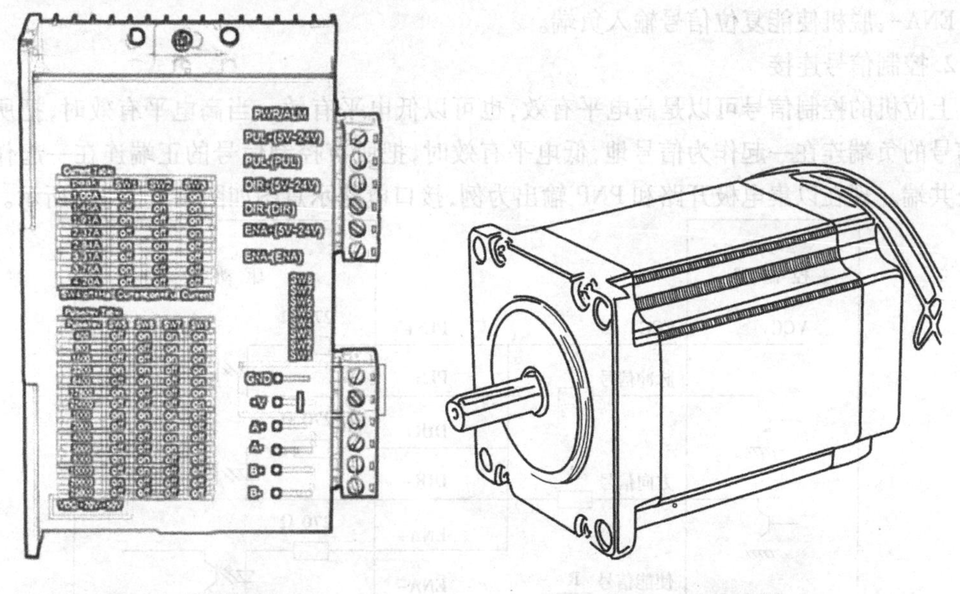

▲图 5-1　步进驱动器　　▲图 5-2　步进电机

本项目中两相混合式步进电机驱动器采用直流 18 ~ 50 V 供电，两相混合式步进电机采用电流小于 4.0 A、外径为 42 ~ 86 mm 的步进电机。此驱动器采用交流伺服驱动器的电流环进行细分控制，电机的转矩波动很小，低速运行很平稳，几乎没有振动和噪声。高速时，此驱动器的力矩也大大高于其他两相驱动器,定位精度高。两相混合式步进电机驱动器广泛适用于雕刻机、数控机床、包装机械等分辨率要求较高的设备上。其主要特点:

①平均电流控制,两相正弦电流驱动输出;

②直流 18 ~50 V 供电;

③光电隔离信号输入/输出;

④有过压、欠压、过流、相间短路保护功能;

⑤15 挡细分和自动半流功能;

⑥8 挡输出相电流设置;

⑦具有脱机命令输入端子;

⑧电机的扭矩与它的转速有关,而与电机每转的步数无关;

⑨高启动转速;

⑩高速力矩大。

(二)控制信号接口

1. 控制信号定义

PLS/CW+:步进脉冲信号输入正端或正向步进脉冲信号输入正端;

PLS/CW-:步进脉冲信号输入负端或正向步进脉冲信号输入负端;

DIR/CCW+:步进方向信号输入正端或反向步进脉冲信号输入正端;

DIR/CCW-:步进方向信号输入负端或反向步进脉冲信号输入负端;

ENA+:脱机使能复位信号输入正端;

ENA-:脱机使能复位信号输入负端。

2. 控制信号连接

上位机的控制信号可以是高电平有效,也可以低电平有效。当高电平有效时,把所有控制信号的负端连在一起作为信号地,低电平有效时,把所有控制信号的正端连在一起作为信号公共端。现在以集电极开路和 PNP 输出为例,接口电路示意图如图 5-3、图 5-4 所示。

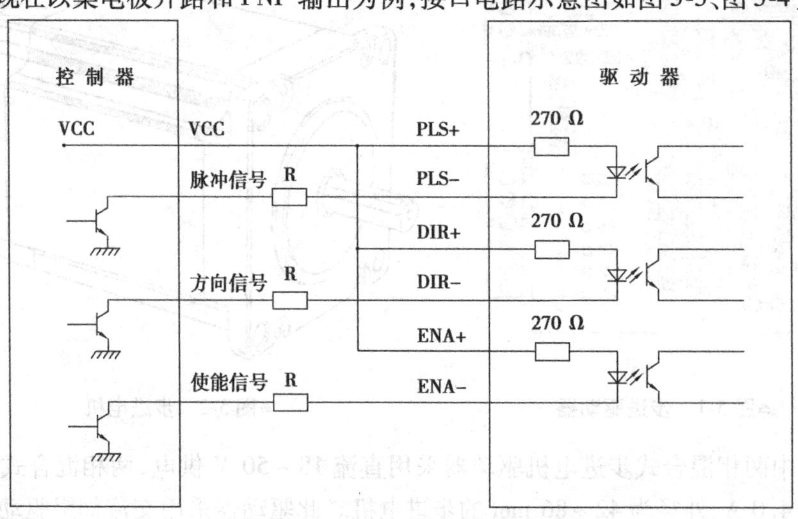

▲图 5-3 输入接口电路(共阳极接法)

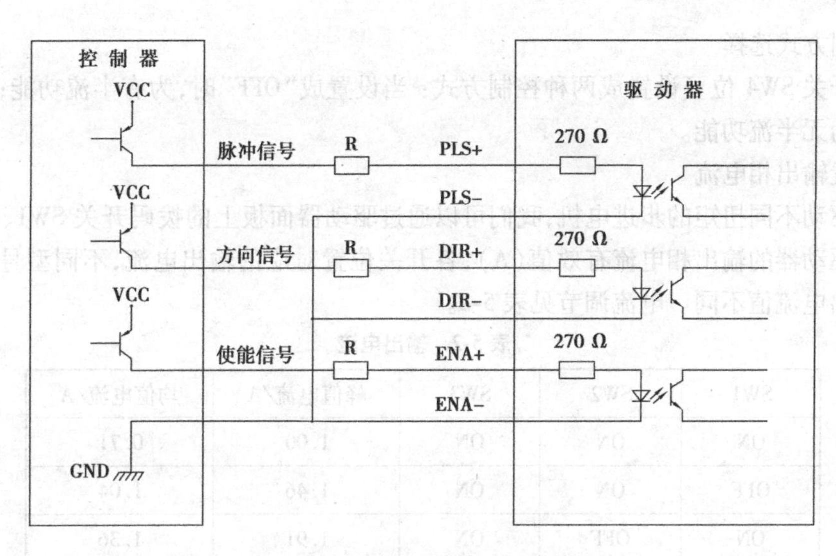

▲图 5-4 输入接口电路（共阴极接法）

注意:VCC 值为 5 V 时,R 短接;

VCC 值为 12 V 时,R 为 1 kΩ,大于 1/8 W 电阻;

VCC 值为 24 V 时,R 为 2 kΩ,大于 1/8 W 电阻;

R 必须接在控制器信号端。

（三）用驱动器面板上的 DIP 开关实现功能选择

1. 设置电机每转步数

设置电机每转的步数是设置步进电机旋转一圈所需要的脉冲数量。驱动器可将电机每转的步数分别设置为 400、500、800、1 000、1 250、1 600、2 000、2 500、3 200、4 000、5 000、6 400、8 000、10 000、12 800 步。用户可以通过驱动器正面板上的拨码开关 SW5、SW6、SW7、SW8 位来设置驱动器的步数,见表 5-1。

表 5-1 开关实现电机每转步数

步数	400	800	1 600	3 200	6 400	12 800	25 600	1 000
SW5 状态	OFF	ON	OFF	ON	OFF	ON	OFF	ON
SW6 状态	ON	OFF	OFF	ON	ON	OFF	OFF	ON
SW7 状态	ON	ON	ON	OFF	OFF	OFF	OFF	ON
SW8 状态	ON	ON	ON	ON	ON	ON	ON	OFF
步数	2 000	4 000	5 000	8 000	10 000	20 000	25 000	
SW5 状态	OFF	ON	OFF	ON	OFF	ON	OFF	
SW6 状态	ON	OFF	OFF	ON	ON	OFF	OFF	
SW7 状态	ON	ON	ON	OFF	OFF	OFF	OFF	
SW8 状态	OFF	OFF	ON *	ON *	OFF	OFF	OFF	

2. 控制方式选择

拨码开关SW4位可设置成两种控制方式：当设置成“OFF”时，为有半流功能；当设置成“ON”时，为无半流功能。

3. 设置输出相电流

为了驱动不同扭矩的步进电机，我们可以通过驱动器面板上的拨码开关SW1、SW2、SW3位来设置驱动器的输出相电流有效值(A)，各开关位置对应的输出电流，不同型号驱动器所对应的输出电流值不同。电流调节见表5-2。

表5-2 输出电流

SW1	SW2	SW3	峰值电流/A	均值电流/A
ON	ON	ON	1.00	0.71
OFF	ON	ON	1.46	1.04
ON	OFF	ON	1.91	1.36
OFF	OFF	ON	2.37	1.69
ON	ON	OFF	2.84	2.03
OFF	ON	OFF	3.31	2.36
ON	OFF	OFF	3.76	2.69
OFF	OFF	OFF	4.20	3.00

4. 半流功能

半流功能是指无步进脉冲500 ms后，驱动器输出电流自动降为额定输出电流的70%，用来防止电机发热。

（四）功率接口

1. +V、GND：连接驱动器电源

+V：直流电源正极，电源电压直流16~50 V，最大电流为5 A。

GND：直流电源负极。

2. A+ A- B+ B-：连接两相混合式步进电机

驱动器和两相混合式步进电机的连接采用四线制，电机绕组有并联和串联接法，并联接法，高速性能好，但驱动器电流为电机绕组电流的1.73倍。串联接法时驱动器电流等于电机绕组电流。

（五）连接

一个完整的步进电机控制系统应含有步进驱动器、直流电源以及控制器（脉冲源）。图5-5为典型系统接线图。

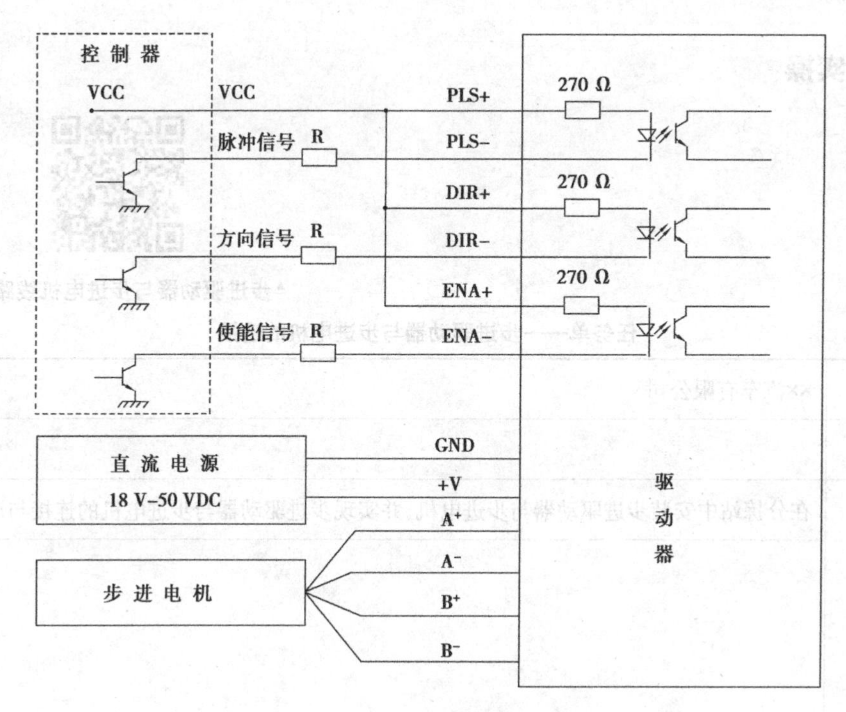

▲图 5-5 步进驱动器的典型连线

（六）可能的故障

1. 状态灯指示

RUN：绿灯，正常工作时亮。

ERR：红灯，故障时亮，电机相间短路、过压保护和欠压保护。

2. 部分故障类型

部分故障现象及排除方法见表 5-3。

表 5-3 部分故障排除方法

故障现象	原因	解决措施
LED 不亮	电源接错	检查电源连线
	电源电压低	提高电源电压
电机不转，且无保持扭矩	电机连线不对	改正电机连线
	脱机使能 RESET 信号有效	使 RESET 无效
电机不转，但要保持扭矩	无脉冲信号输入	调整脉冲宽度及信号的电平
电机转动方向错误	动力线相序接错	互换任意两相连线
	方向信号输入不对	改变方向设定
电机扭矩太小	相电流设置过小	正确设置相电流
	加速度太快	减小加速度值
	电机堵转	排除机械故障
	驱动器与电机不匹配	更换合适的驱动器

二、任务实操

▲步进驱动器与步进电机线路连接

任务单——步进驱动器与步进电机的连接

<table>
<tr><td>公司名称</td><td colspan="3">××汽车有限公司</td></tr>
<tr><td>部门</td><td colspan="3"></td></tr>
<tr><td>项目描述</td><td colspan="3">在分拣站中安装步进驱动器与步进电机,并实现步进驱动器与步进电机的连接与调试</td></tr>
<tr><td>接线图</td><td colspan="3"></td></tr>
<tr><td>步进驱动的参数调整</td><td colspan="3"></td></tr>
<tr><td>问题反思</td><td colspan="3">问题 1:
问题 2:</td></tr>
<tr><td>KPI 指标</td><td colspan="2">工时:2 学时</td><td>难度权重:0.6</td></tr>
<tr><td>团队成员</td><td>电气工程师:</td><td>OP 手:</td><td>质检员:</td></tr>
<tr><td>完成时间</td><td colspan="3">年 月 日</td></tr>
</table>

三、任务评价

实验评价表

序号	评价项目	自我评价	组员互评	教师评价	综合评价
1	学习准备				
2	问题填写				
3	实验操作规范性				
4	实验完成质量				
5	5S 管理				
6	参与讨论主动性				
7	沟通协作				
8	展示汇报				

注:评价档次统一采用 A(优秀)、B(良好)、C(合格)、D(努力)4 个级别。

任务二　分拣站控制逻辑

一、知识储备

(一)初步认识分拣单元

分拣单元是自动化生产线中的最末单元,完成对上一单元送来的已加工、装配的工件进行分拣,使不同的工件进入不同的料槽分流。当输送站送来工件放到传送带上并为入料口启动步进驱动,抓取机构工作将工件开始送入分拣区进行分拣。

其主要结构组成为:传送和分拣机构、传动机构、步进驱动模块、电磁阀组、接线端口、PLC 模块、底板等。功能为传送已经加工、装配好的工件,在检测装置处进行分拣,如图 5-6 所示。

(二)分拣的动作过程

本站的功能是对从上料站送来的工件进行分拣。当上料站送来工件放到传送带上并到达入料口时,信号传输给 PLC,然后 PLC 启动步进驱动器,步进电机运转到达入料口,气爪向下伸展到达抓取位,气爪夹紧并缩回,把工件带进检测区,检测区气缸伸出,气爪向下伸展,气爪打开释放工件并缩回,检测区气缸缩回,检测头伸出,如果进入检测区工件为浅工件,则机械手将工件抓取运送至 2 号料仓,如果进入检测区工件为深工件,则机械手将工件抓取运送至 1 号料仓再回原点,完成一次分拣的工作。整理动作过程如下:

步骤 1:等待送料站入料口工件检测信号;

步骤 2:步进电机运转到达入料口位置;

步骤 3:步进电机上的气爪向下伸展到达抓取位;

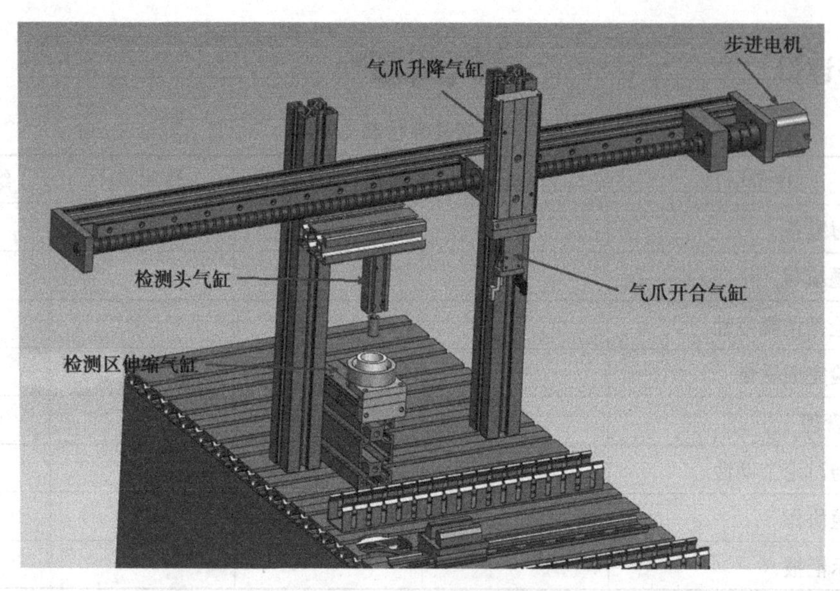

▲图 5-6　分拣站外形结构图

步骤 4:气爪夹紧,夹持工件;
步骤 5:步进电机上的气爪向上缩回;
步骤 6:把工件带至检测区对应的位置;
步骤 7:检测区气缸伸出,准备接收气爪带来的工件;
步骤 8:步进电机上的气爪向下伸展到达检测区释放位;
步骤 9:气爪打开,释放工件;
步骤 10:步进电机上的气爪向上缩回;
步骤 11:检测区气缸缩回,准备检测工件;
步骤 12:检测头伸出进入检测区;
步骤 13:该节点位条件判断分支节点(浅工件或深工件);
步骤 14A:检测头缩回;
步骤 15A:步进电机上的气爪向下伸展到达检测区抓取位;
步骤 16A:气爪夹紧,夹持工件;
步骤 17A:步进电机上的气爪向上缩回;
步骤 18A:步进电机运转到达 2 号料仓;
步骤 19A:步进电机上的气爪向下伸展到达释放位;
步骤 20A:气爪打开,释放工件;
步骤 21A:步进电机上的气爪向上缩回;
步骤 14B:检测头缩回;
步骤 15B:步进电机上的气爪向下伸展到达检测区抓取位;
步骤 16B:气爪夹紧,夹持工件;
步骤 17B:步进电机上的气爪向上缩回;
步骤 18B:步进电机运转到达 1 号料仓;
步骤 19B:步进电机上的气爪向下伸展到达释放位;

步骤 20B：气爪打开，释放工件；

步骤 21B：步进电机上的气爪向上缩回；

步骤 22：步进电机运转，返回原点（等待下一次分拣工作）。

（三）气动控制回路分析

分拣单元气动控制回路的工作原理如图 5-7 所示。图中各气缸的上下极限位置上安装磁感应传感器，用于检测气缸的工作位置，它们安装在汇流板上。这 3 个阀分别对金属、白料和黑料推动气缸的气路进行控制，以改变各气缸的动作状态。

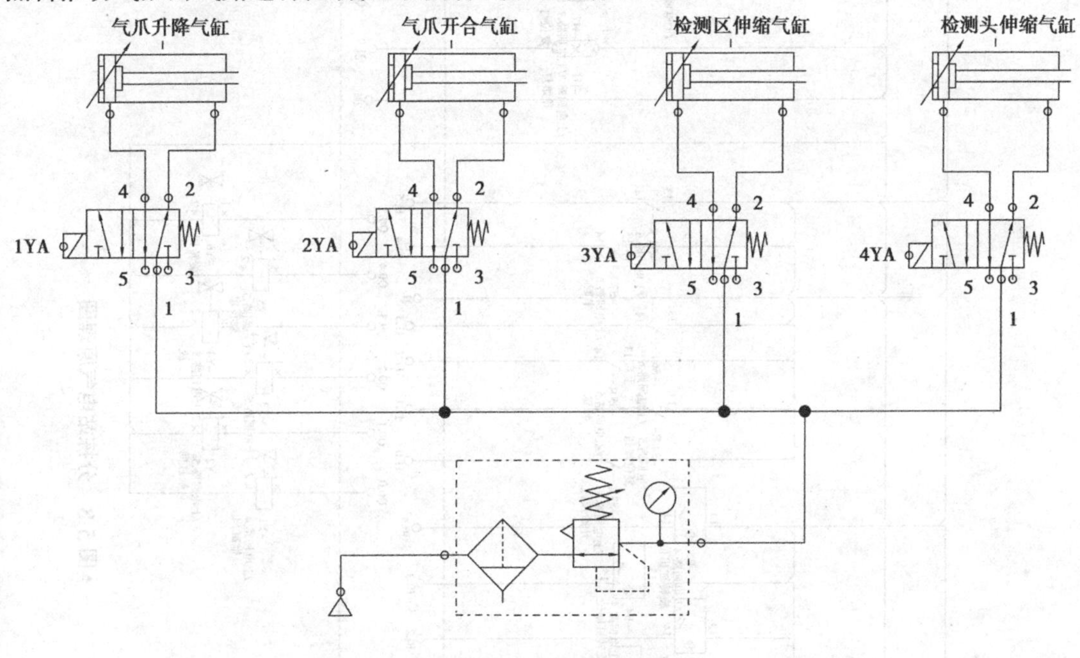

▲图 5-7 分拣站气动回路

（四）电气控制回路分析

分拣站电气连接原理图如图 5-8 所示。在该图中可以看出电源用 220 V 交流经过空气开关 Q1 引入，经过电源适配器 T1 将电源降压至 24 V。下面使用到的传感器、继电器、电磁阀等器件均采用该电压。

（五）梯形图控制流程梳理

梯形图控制流程如图 5-9 至图 5-14 所示。在行走部分的控制流程中最重要的指令是程序段一和程序段六，它们分别控制步进电机的脉冲和方向，在该逻辑中，PULSE_300C 是西门子 300 系列 PLC 的工艺包指令，它用于产生可宽度调整的脉冲，当步进驱动器收到脉冲和方向指令后，步进电机开始持续运行，直到脉冲信号停止，电机也停止在当前位置上。所以当前代码中需要重点观察 M12.0 信号。

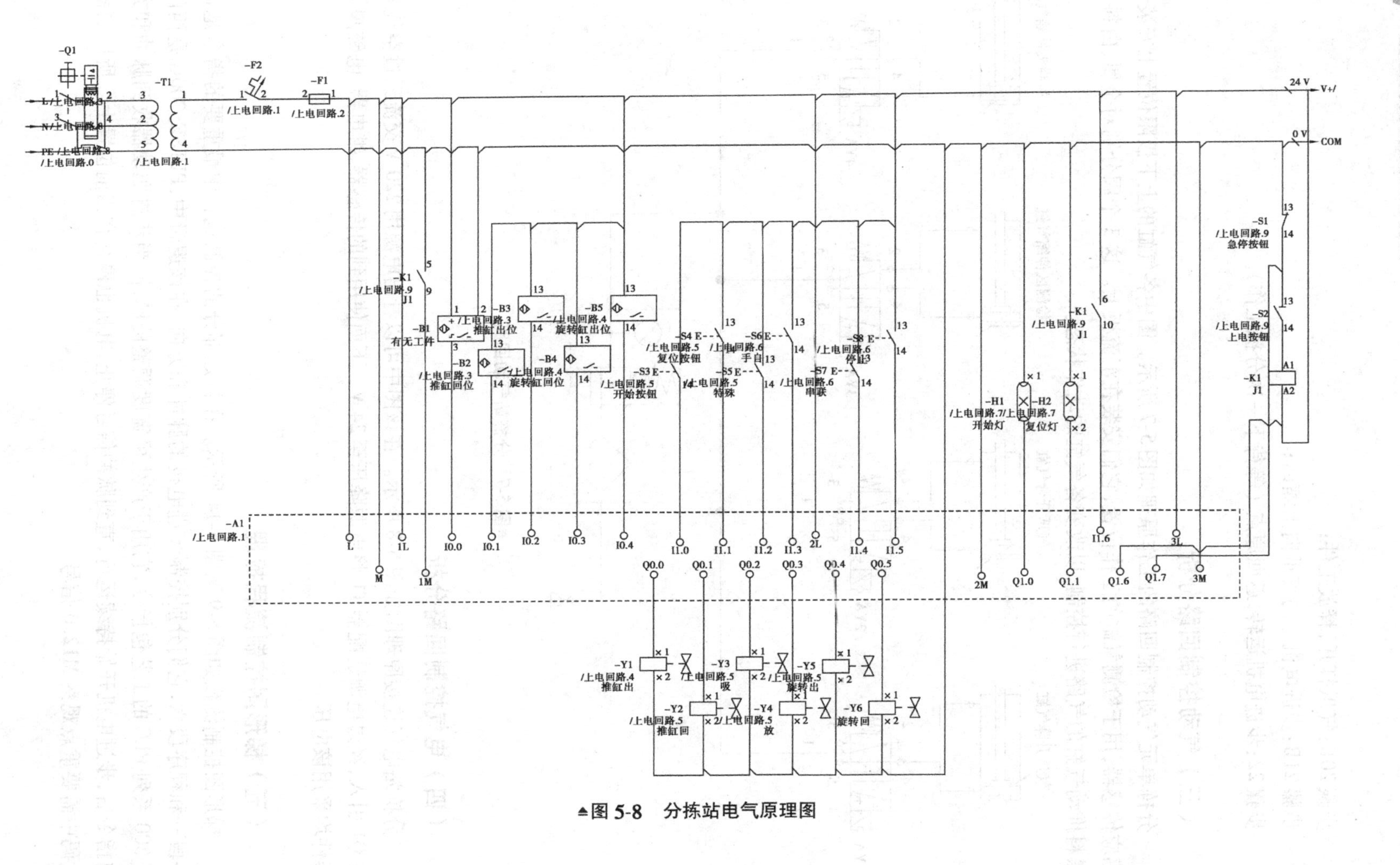

▲图 5-8　分拣站电气原理图

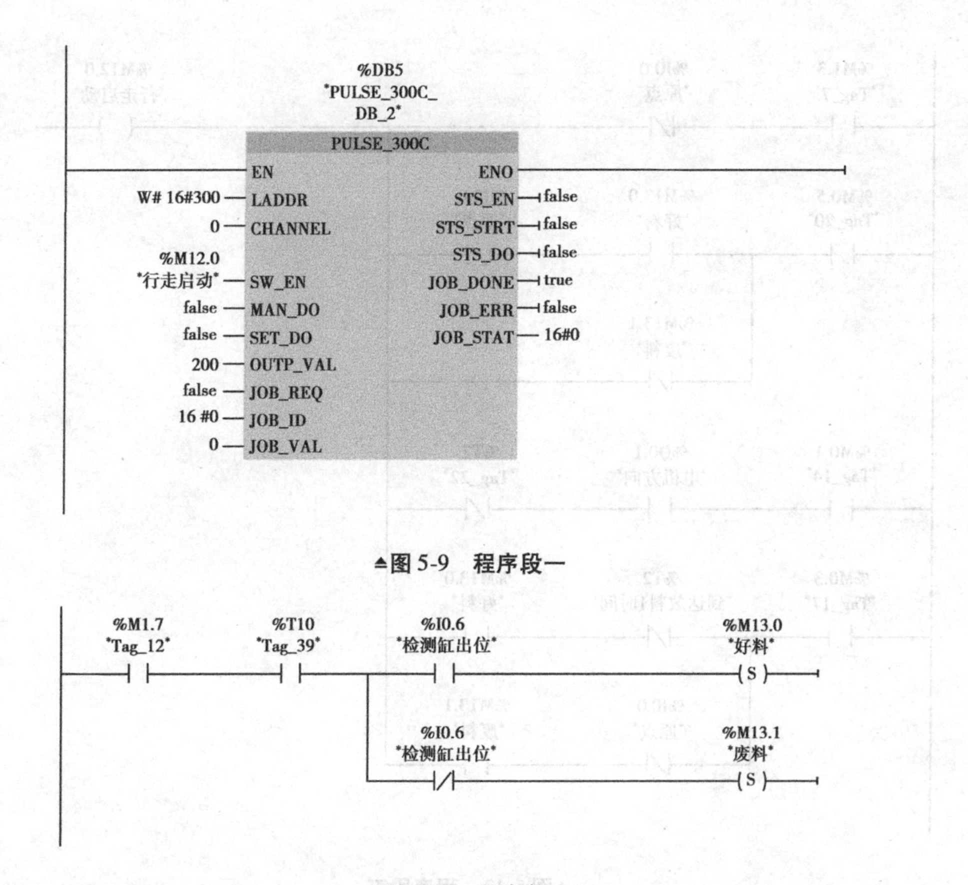

▲图 5-9 程序段一

▲图 5-10 程序段二

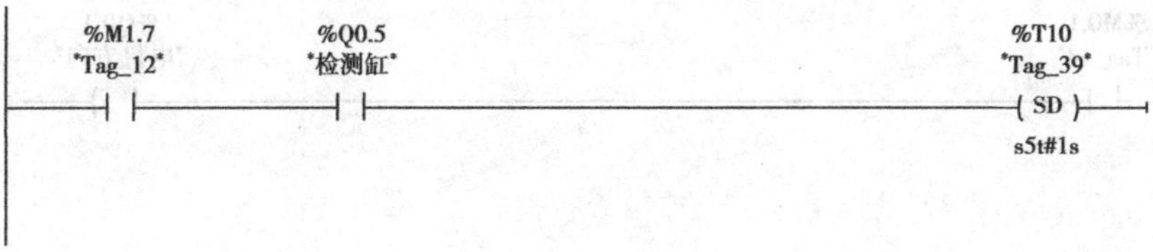

%M1.7
"Tag_12"
%Q0.5
"检测缸"
%T10
"Tag_39"
SD
s5t#1s

▲图 5-11 程序段三

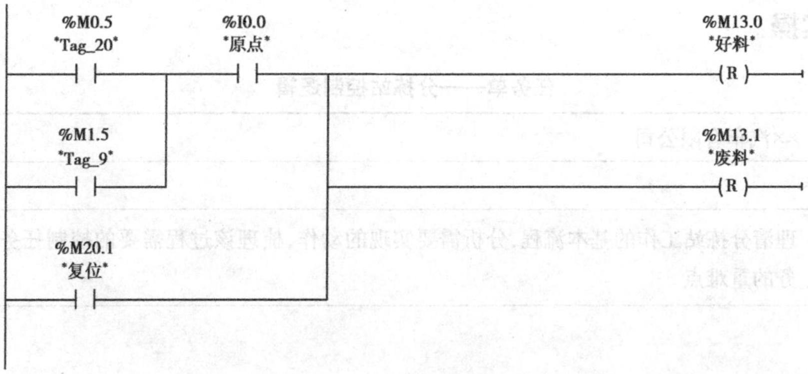

%M0.5
"Tag_20"
%I0.0
"原点"
%M13.0
"好料"
R
%M1.5
"Tag_9"
%M13.1
"废料"
R
%M20.1
"复位"

▲图 5-12 程序段四

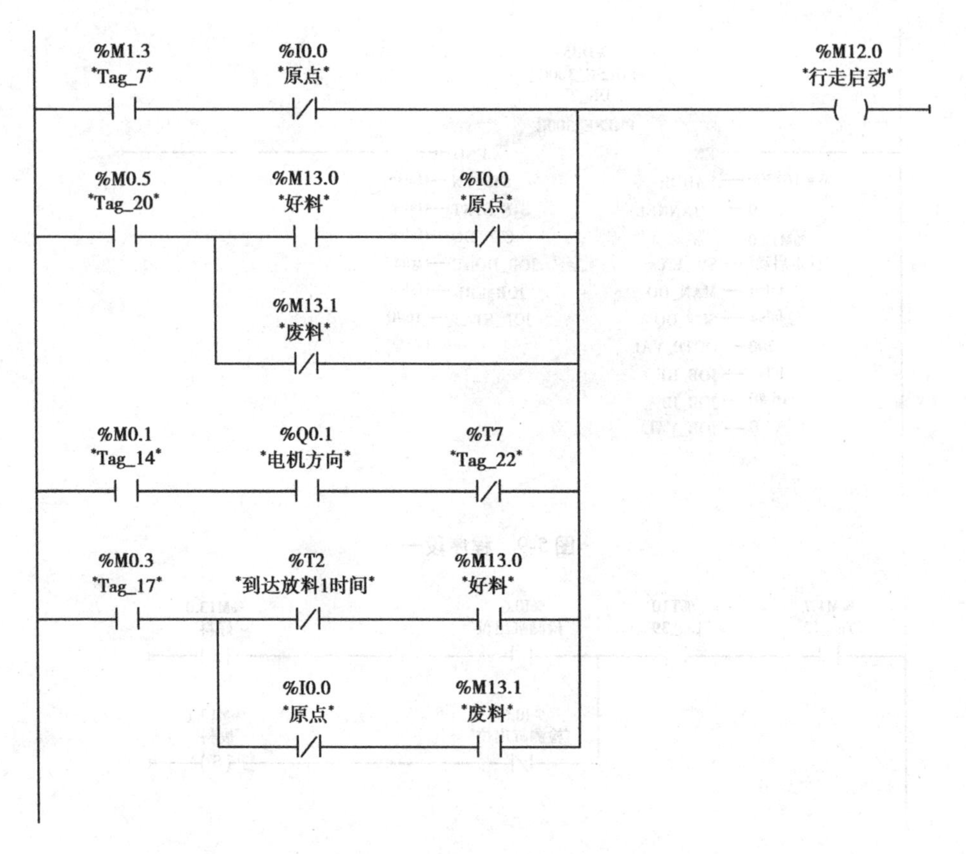

▲图 5-13 程序段五

%M0.1
"Tag_14"
%Q0.1
"电机方向"

▲图 5-14 程序段六

二、任务实操

任务单——分拣站控制逻辑

公司名称	××汽车有限公司
部门	
项目描述	理清分拣站工作的基本流程,分析需要实现的动作,梳理该过程需要的控制任务,弄清本任务的重难点
步骤	

续表

PLC 程序			
程序说明			
问题反思	问题 1： 问题 2：		
KPI 指标	工时:2 学时		难度权重:0.6
团队成员	电气工程师：	OP 手：	质检员：
完成时间	年　　月　　日		

三、任务评价

实验评价表

序号	评价项目	自我评价	组员互评	教师评价	综合评价
1	学习准备				
2	问题填写				
3	实验操作规范性				
4	实验完成质量				
5	5S 管理				
6	参与讨论主动性				
7	沟通协作				
8	展示汇报				

注:评价档次统一采用 A(优秀)、B(良好)、C(合格)、D(努力)4 个级别。

任务三　分拣站监控画面

一、知识储备

（一）分拣站监控画面简介

项目基于 MCGS 组态通过指示灯实现对物料的检测。项目有一个基本界面,物料分拣系统监控界面。监控画面上包括夹爪开合信号、夹爪伸缩信号、物料架伸缩信号以及深度检测信号。

（二）实时数据库

部分实时数据库见表 5-4，相关界面如图 5-15 所示。

表 5-4 部分数据库

名字	类型	注释
夹爪开合信号	开关型	物料夹爪的开合信号，用检测夹爪的打开或夹紧
夹爪伸缩信号	开关型	物料夹爪部分伸出或缩回信号
物料架伸缩信号	开关型	物料托架伸出或缩回检测
深度检测信号 1	开关型	浅物料检测深度
深度检测信号 2	开关型	深物料检测深度

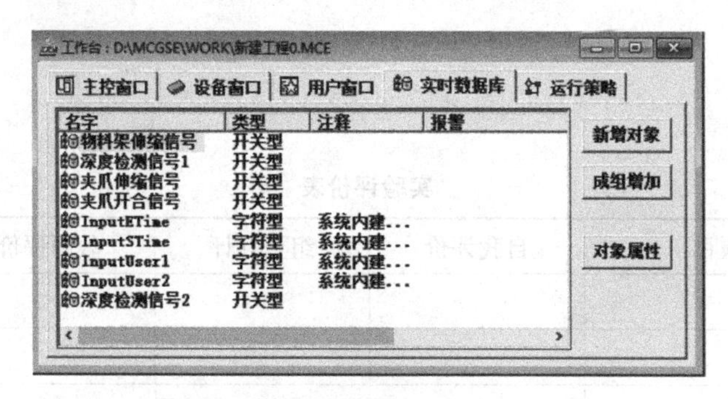

▲图 5-15 实时数据库

（三）脚本程序

文字移动程序：

```
if 文字移动 <=660 then
文字移动=文字移动+17
else
文字移动=-660
endif
```

（四）监控画面展示

本项目监控画面（图 5-16）主要用于监控站运行过程中各检测点位的信号检测情况，是本型号监控运行的专业监控画面，主要帮助用户可视化分拣站的基本运行情况。

（五）监控画面实施参考步骤

步骤 1：设置主控窗口，对整个工程相关的参数进行配置，可设置封面窗口、运行工程的权限、启动画面、内存画面、磁盘预留空间等，如图 5-17 所示。

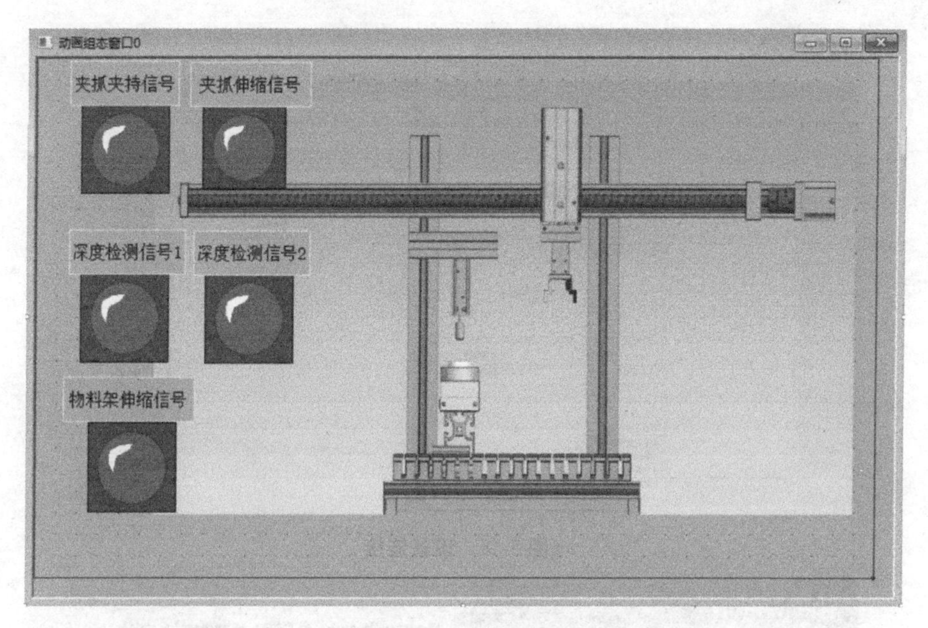

▲图 5-16　监控画面

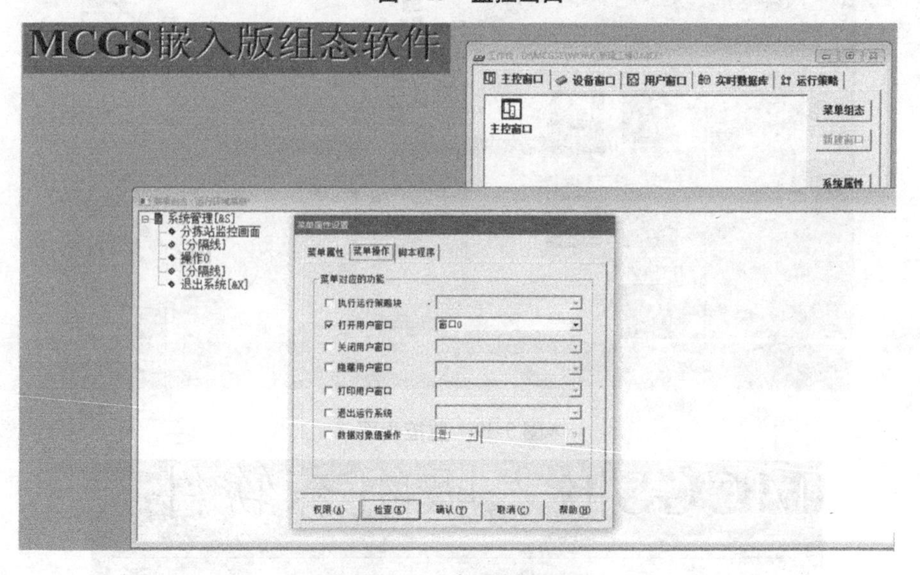

▲图 5-17　监控画面菜单

步骤 2:设备窗口设置,把外部设备的数据采集进来,送入实时数据库,在本项目中选用西门子 2000 ppi,如图 5-18 所示。

步骤 3:用户窗口构建本项目所需监控画面,如图 5-19 所示。

步骤 4:设置从外部设备采集来的实时数据送入实时数据库,系统其他部分操作的数据也来自实时数据库,如图 5-20 所示。

步骤 5:通过对运行策略的定义,使系统能够按照设定的顺序和条件操作任务,实现对外部设备工作过程的精确控制,如图 5-21 所示。

▲图 5-18　设备连接

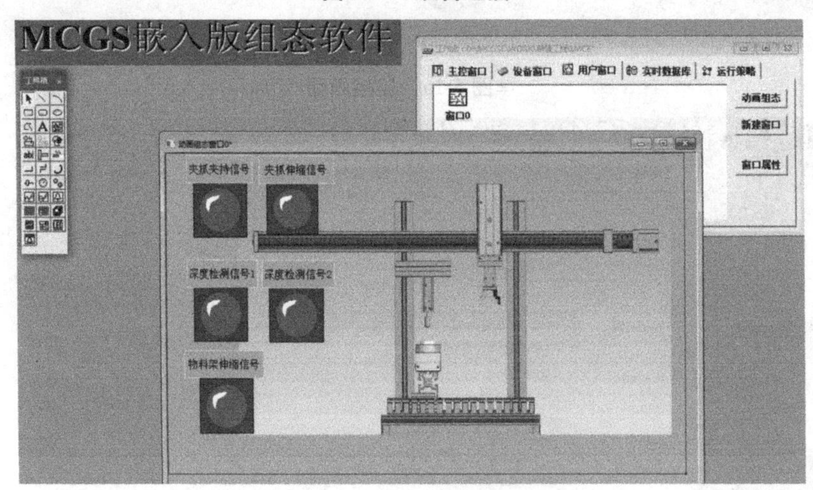

▲图 5-19　监控画面

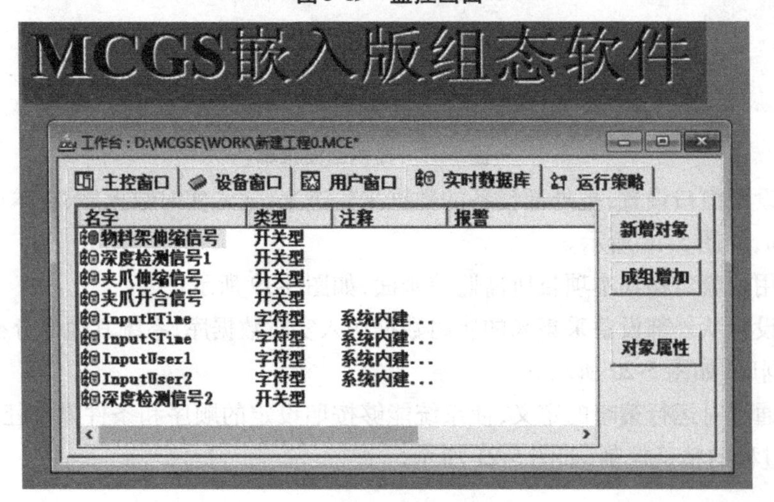

▲图 5-20　实时数据库

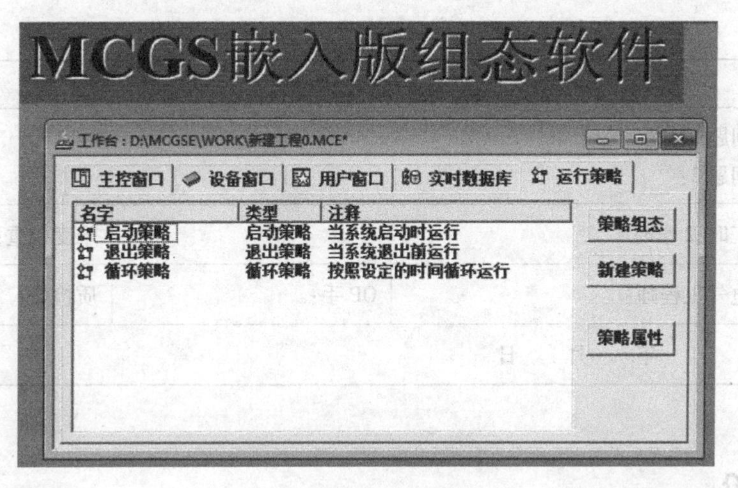

▲图 5-21　运行策略

二、任务实操

任务单——分拣站监控画面

公司名称	
部门	
项目描述	
实施步骤记录	
组态画面	

续表

程序说明			
问题反思	问题1： 问题2：		
KPI指标	工时:2学时		难度权重:0.6
团队成员	电气工程师：	OP手：	质检员：
完成时间	年 月 日		

三、任务评价

实验评价表

序号	评价项目	自我评价	组员互评	教师评价	综合评价
1	学习准备				
2	问题填写				
3	实验操作规范性				
4	实验完成质量				
5	5S管理				
6	参与讨论主动性				
7	沟通协作				
8	展示汇报				

注:评价档次统一采用A(优秀)、B(良好)、C(合格)、D(努力)4个级别。

任务四　分拣站综合调试

一、知识储备

调试工作是检查PLC控制系统能否满足控制要求的关键工作,是对系统性能的一次客观、综合的评价。系统投用前必须经过全系统功能的严格调试,直到满足要求并经用户、监理和设计等签字确认后才能交付使用。调试人员应受系统的专门培训,对控制系统的构成、硬件和软件的使用和操作都要比较熟悉。

调试人员在调试时发现的问题,都应及时联系有关设计人员,在设计人员同意后方可进行修改,修改之处需做详细的记录,修改后的程序要进行备份,并对调试修改部分做好文档的整理和归档。调试内容主要包括输入输出功能、控制逻辑功能、通信功能、处理器性能测试等。

（一）输入输出回路调试

1. 模拟量输入(AI)回路调试

要仔细核对(I/O)模块的地址分配;检查回路供电方式（内供电或外供电）是否与现场仪表一致;用信号发生器在现场端对每个通道加入信号,通常取0、50%或100%三点进行检查。对有报警、联锁值的AI回路,还要对报警联锁值(如联锁点以及精度)进行检查,确认有关报警、联锁状态的正确性。

2. 模拟量输出(AO)回路调试

可根据回路控制的要求,通过手动输出(即直接在控制系统中设定)的方式检查执行机构(如阀门开度等),通常也取0、50 %或100 %三点进行检查;同时通过闭环控制,检查输出是否满足有关要求。对有报警、联锁值的AO回路,还要对报警联锁值(如高报、低报和联锁点以及精度)进行检查,确认有关报警、联锁状态的正确性。

3. 开关量输入(DI)回路调试

在相应的现场端短接或断开,检查开关量输入模块对应通道地址的发光二极管的变化,同时检查通道的通、断变化。

4. 开关量输出(DO)回路调试

可通过PLC系统提供的强制功能对输出点进行检查。通过强制,检查开关量输出模块对应通道地址的发光二极管的变化,同时检查通道的通、断变化。

（二）回路调试注意事项

(1)对开关量输入输出回路,要注意保持状态的一致性原则;通常采用正逻辑原则,即当输入输出带电时,为“ON”状态,数据值为“1”;反之,当输入输出失电时,为“OFF”状态,数据值为“0”。这样,便于理解和维护。

(2)对负载大的开关量输入输出模块应通过继电器进行隔离,即现场接点尽量不直接与输入输出模块连接。

(3)使用PLC提供的强制功能时,要注意在测试完毕后,应还原状态;在同一时间内,不应对过多的点进行强制操作,以免损坏模块。

（三）控制逻辑功能调试

控制逻辑功能调试,需与设计、工艺代表和项目管理人员共同完成。要应用处理器的测试功能设定输入条件,根据处理器逻辑检查输出状态的变化是否正确,以确认系统的控制逻辑功能。对所有的联锁回路,应模拟联锁的工艺条件,仔细检查联锁动作的正确性,并做好调试记录和签字确认。

检查工作是对设计控制程序进行验收的过程,是调试过程中最复杂、技术要求最高、难度最大的一项工作。特别在有专利技术应用、专用软件等情况下,要更加仔细地检查其控制的正确性,应留有一定的操作裕度,同时保证工艺操作的正常运作以及系统的安全性、可靠性和灵活性。调试任务的基本步骤如下:

1. 通电前检查

一般情况下,通电前确认 PLC 处于“停止”工作模式。

(1)检查各电气元件的安装位置是否正确;

(2)用万用表或其他测量设备检查控制台(柜)间接线、现场检测开关、操作开关等输入装置、电机、电磁阀等输出装置及控制台(柜)间接线是否正确(注意:检查交流和 DC 之间、不同电压等级之间、相位之间以及正负电极之间是否存在错误接线非常重要);

(3)检查操作开关、检测开关等电气元件是否处于原始位置;

(4)检查被控设备上或附近是否有障碍物(特别是看是否有临时线路),是否有人工作等。

对于采用远程 I/O 或现场总线控制的 PLC 系统,可能存在控制台(柜)多、硬件投入大的问题。尤其是开机前要多注意检查系统硬件电路的步骤。一般要先按上述步骤检查每一个控制台(柜),然后重点检查主控制台(柜)与子柜(柜)之间的电源线和通信线。尤其是电缆连接的情况下,不仅要看到电缆中导线的颜色,还要使用万用表等检测设备进行检查。内导体的颜色在中间变化并不少见,要特别注意检查。

2. 通电检查

(1)检查电源是否连接到主电源开关。一直连接主电路和控制电路。连接到某个电路后,一般先观察一段时间。如有异常,立即关闭电源检查原因。如果没有异常,连接到下一个电路。

对于上述远程 I/O 或现场总线控制的 PLC 系统,上电步骤应首先确认副控制台(柜)的电源开关关闭。主控制台(柜)通电后,首先检查主控制台(柜)本身的电源和外部电源是否正确,然后依次测量副控制台(柜)电源的进线电压,再给副控制台(柜)供电。这样,在电源错误的情况下,损失将被最小化。电源正常后,连接通信,设置站点地址等参数,检查 I/O 点。

(2)一般至少两人配合检查输入点,一人根据现场信号布置,根据工艺流程或输入点编号地址,依次手动操作现场操作开关和检测开关;另一人在控制台(柜)旁根据现场人员的要求检查输入点的状态,现场范围较大时一般需要使用对讲设备。按照上述方法依次检查输入点。

(3)检查输出点。输出点的检查也可以采用强制的方法,但一般是借助一些已经检查正确的操作开关,编制一个短点动模式的调试程序。一人根据现场信号布置,根据工艺流程或输出点的编号地址进行现场观察,另一人根据现场人员的要求,由控制台(柜)给出输出点的状态,然后依次检查所有输出点。在这一过程中,电机的旋转方向、电磁阀的位置以及其他执行器的对应状态都要根据过程和原理进行调整。

3. 单机或分区调试

为了调试方便,可以根据分控制柜完成的控制功能、控制规模或工艺流程,将一个复杂的系统人为地划分为若干功能区,在不同的区域进行调试。

4. 在线常规调试

调试完分区后,分析分区之间的关系,连接分区完成在线通用调试。

下载程序包括 PLC 程序、触摸屏程序、文字显示程序等。将编写好的程序下载到相应的系统中,检查系统的报警情况。调试过程中会有一些系统报警,通常是因为内部参数没有得到设置或者外部条件引起系统报警。这要根据调试员的经验来判断，首先再次检查接线，确保正确。如果故障报警无法解决，就要详细分析 PLC 的内部程序，循序渐进，确保正确性。

5. 参数设置

参数设置包括显示文字、触摸屏、变频器、二次仪表等参数，并记录下来。

6. 设备功能调试

通电消除报警后，需要调试设备的功能。首先，了解设备的工艺流程；然后进行手动空载调试。手动操作正确后进行自动空载调试。空载调试后，进行带载调试，并记录调试电流、电压等工作参数。

在调试过程中，不仅要对各部分的功能进行调试，还要对设定的报警进行模拟，确保在满足故障条件时能够实现真正的报警。当需要对设备进行加热和恒温试验时，应记录加热和恒温曲线。整个过程应确保设备功能完好。

7. 系统在线调试

单个设备调试完成后，将进行前后机的在线调试。

8. 持续长时间运行

测试设备的稳定性。

9. 调试完成

设备调试完毕后，需要申请检验，并在调试过程中归档各种记录。

二、任务实操

任务单——分拣站调试

公司名称	××汽车有限公司
部门	
项目描述	上电前综合检查，查看短路情况，分段检查电压值；上电后进行功能调试，测试 PLC、HMI，以及各动作部件是否按要求实施。
检查步骤以及各关键部位记录	

续表

异常信息记录或异常现象记录			
程序说明			
问题反思	问题1： 问题2：		
KPI 指标	工时:2 学时		难度权重:0.6
团队成员	电气工程师:	OP 手:	质检员:
完成时间	年　月　日		

三、任务评价

实验评价表

序号	评价项目	自我评价	组员互评	教师评价	综合评价
1	学习准备				
2	问题填写				
3	实验操作规范性				
4	实验完成质量				
5	5S 管理				
6	参与讨论主动性				
7	沟通协作				
8	展示汇报				

注:评价档次统一采用 A(优秀)、B(良好)、C(合格)、D(努力)4 个级别。

项目六

标签打印系统控制

【项目目标】

1. 能绘制电气原理图并连接硬件；
2. 会根据实际工程创建组态画面；
3. 会调整伺服驱动器参数；
4. 能编写标签打印系统控制逻辑；
5. 能完成控制系统调试。

【项目任务】

OIS(作业指导书)与WES(操作要素)				班组	
				作业内容	智能计分系统
关键点标识	安全　人机工程　关键操作　质量控制　防错				
No.	操作顺序	品质特性及基准	操作要点	关键点	工具设备
※	设备点检	设备点检基准书	目视、触摸、操作		电动机、变频器
1	电气原理图绘制、硬件连接及伺服参数调整		绘图、接线操作	Q	电机、伺服电机
2	标签打印系统控制要求及画面制作		编程操作	Q	组态软件、TIA
3	标签打印系统控制程序编写及调试		编程操作	Q	组态软件
质量标准	完成每个单项任务要求				
突发质量问题处理流程	OP手 > 报告监督员 > 报告工程师 > 报告质检科 > 报告经理 > 报告厂长				

续表

保护用具	围裙 工作服 安全帽 劳保鞋 线手套 防切割手套 防护袖套 防护眼镜 防护面罩 耳塞 防尘口罩
5S 现场	整理、整顿、清扫、清洁、素养
思考问题	

任务一　电气原理图绘制、硬件连接及伺服参数调整

一、知识储备

▲伺服驱动器和伺服电机

（一）标签打印系统概述

标签打印系统是用于工业、商业、超市、零售业、物流、仓储、图书馆等需要的条形码、二维码等标签制作，具有采用准确控制、高速运行、一体制作等要求的系统，如图 6-1 所示。

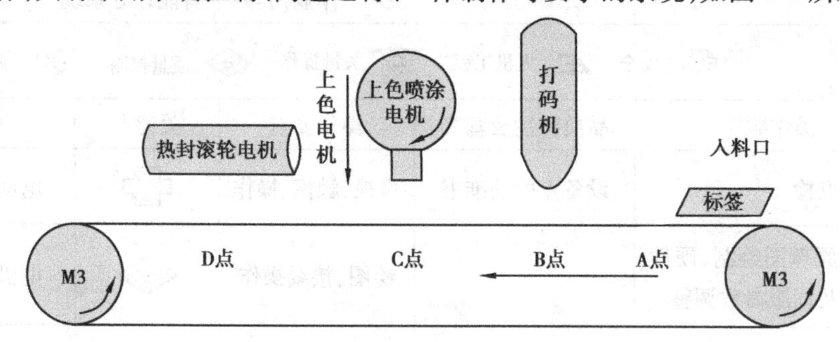

▲图 6-1　标签打印系统结构示意图

标签打印系统由以下电气控制回路组成：打码电机 M1 控制回路（M1 为双速电机，需要考虑过载、联锁保护）；上色电机 M2 控制回路[M2 为三相异步电机（不带速度继电器），只进行单向正转运行]；传送带电机 M3 控制回路[M3 为三相异步电动机（带速度继电器），由变频器进行多段速控制，变频器参数设置为第一段速为 15 Hz，第二段速为 30 Hz，第三段速为 40 Hz，第四段速为 50 Hz，加速时间 0.1 s，减速时间 0.2 s]；热封滚轮电机 M4 控制回路[M4 为三相异步电机（不带速度继电器），只进行单向正转运行]；上色喷涂进给电机 M5 控制回路[M5 为伺服电机；伺服电机参数设置如下：伺服电机旋转一周需要 1 000 个脉冲，正转/反转的转速可为 1 ~3 圈/s；正转对应上色喷涂电机向下进给]。电动机旋转以"顺时针旋转为正向，逆时针旋转为反向"。

（二）伺服驱动器（型号：台达 ASDA-B2）

参数设置(未接极限限位开关)见表 6-1。

表 6-1 伺服驱动器参数设置表

序号	参数		设置数值	功能和含义
	参数编号	参数名称		
1	P0-02	驱动器状态显示	00	电机回授脉冲数(电子齿轮比之后)
2	P1-00	外部脉冲列输入形式设定	02	脉冲列+符号
3	P1-01	控制模式及控制命令输入源设定	00	PT:位置控制模式(命令来源为外部脉冲输入/外部模拟电压两种来源)
4	P1-44	电子齿轮比分子	1	(N)详见注释
5	P1-45	电子齿轮比分母	1	(M)详见注释
6	P2-00	位置控制比例增益	35	位置控制增益值加大时,可提升位置应答性及缩小位置控制误差量。但若设定太大时易产生振动及噪声
7	P2-02	位置控制前馈增益	50	位置控制命令平滑变动时,增益值加大可改善位置跟随误差量。若位置控制命令不平滑变动时,降低增益值可降低机构的运转振动现象
8	P2-10	使能 SON	101	伺服启动(使能控制)
9	P2-08	特殊参数写入	00	恢复出厂设置(重置后请断电后重新上电),参数码 10
10	P2-15	数字输入接脚 DI6 功能规划	00	反转禁止极限无效(初始值:22)
11	P2-16	数字输入接脚 DI7 功能规划	00	正转禁止极限无效(初始值:23)
12	P2-17	数字输入接脚 DI8 功能规划	00	紧急停止无效(初始值:21)
13	P2-30	辅助功能	1	JOG 模式(如果不要 JOG 模式:P2-30 设置为 0)
14	P4-05	寸动 JOG 控制	20	

备注:

(1)P2-10:数字接入接脚 DI1 功能规划,相应参数功能说明如图 6-2 所示。

P2-101=001(初始值 101),即设置 Servo On。

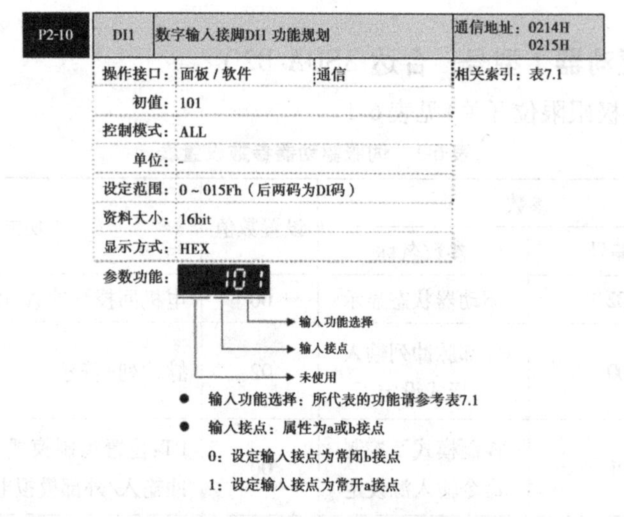

▲图 6-2　P2-10 参数功能说明

（2）P1-44：电子齿轮比分子 N；P1-45：电子齿轮比分母 M。

参数功能：设定错误时伺服电机容易产生暴冲，故请依照下列规定设定。

指令脉冲输入比值设定：

$$\frac{\text{指令脉冲输入}}{f_1} \rightarrow \frac{N}{M} \rightarrow \frac{\text{位置指令}}{f_2} \rightarrow f_2 = f_1 \times \frac{N}{M}$$

指令脉冲输入比值范围：$1/50 < NX/M < 25\ 600$（$X=1,2,3,4$）。

PT 模式下，在 Servo On 时均不可变更设定值。

电子齿轮提供简单易用的行程比例变更，通常大的电子齿轮比会导致位置命令步阶化，可通过低通滤波器将其平滑化来改善此现象。当电子齿轮比等于 1 时，如果电机编码器进入每周脉冲数为 10 000 PPR 时，当电子齿轮比等于 0.5 时，则命令端每两个脉冲所对到电机转动脉冲为 1 个脉冲。

【例】经过适当的电子齿轮比设定后（表 6-2），工作物移动量为 1 μm/pulse，变得容易使用。

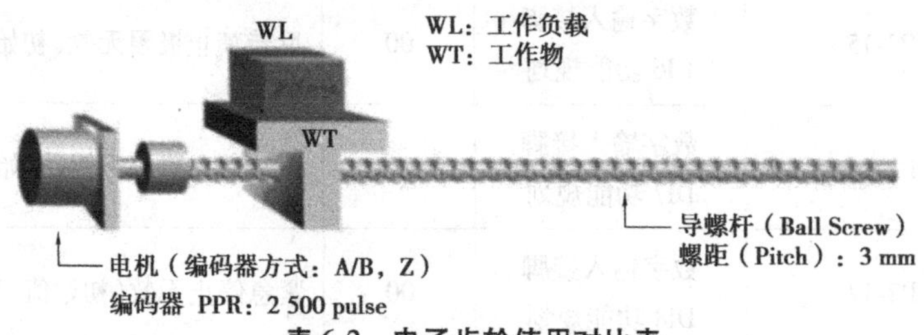

表 6-2　电子齿轮使用对比表

电子齿轮使用情况	齿轮比	每 1 脉冲命令对应工作物移动的距离
未使用电子齿轮	$=\frac{1}{1}$	$=\frac{3\times 1\ 000}{4\times 2\ 500}=\frac{3\ 000}{10\ 000}$ μm
使用电子齿轮	$=\frac{10\ 000}{3\ 000}$	=1 μm

JOG 设置方法如图 6-3 所示。

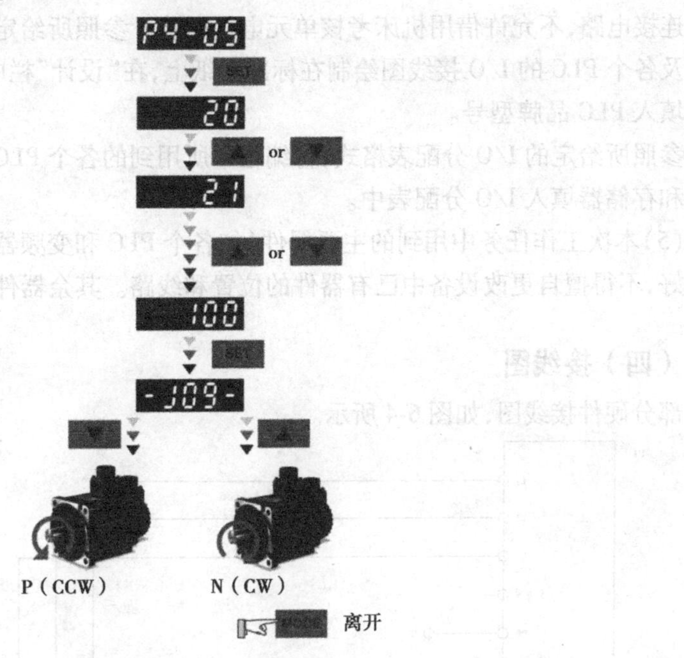

▲图 6-3　JOG 模式设置方法

进入参数模式 P4-05 后，可依照下列设定方式进行寸动操作模式：

(1)按下 SET 键，显示寸动速度值，初始值为 20 r/min；

(2)按下 UP 或 DOWN 键来修正希望的寸动速度值，范例中调整为 100 r/min；

(3)按下 SET 键，显示 JOG 并进入点动模式；

(4)进入寸动模式后，按下 UP 或 DOWN 键使伺服电机朝正方向旋转或逆方向旋转，放开按键则伺服电机立即停止运转，寸动操作必须在 Servo On 时才有效。

(三)控制系统设计要求

(1)本系统使用 3 台 PLC，网络指定 QCPU/S7-300/S7-1500 为主站，2 台 FX3U/S7-200Smart/S7-1200 为从站，分别以 CC_Link 或工业以太网的形式组网。

(2)MCGS 触摸屏应连接到系统中主站 PLC 上(S7-300/S7-1500)的以太网端口，不允许连接到交换机。

(3)元件明细(其余自行定义)(表 6-3)。

表 6-3　元件明细表

序号	名称	规格型号	数量
1	西门子 PLC	S7-300/S7-1500	1 台
2	西门子 PLC	S7-1200/smart-200	2 台
3	电机	380 V	5 台
4	编码器	增量式	1 个

(4)根据本控制要求设计电气控制原理图,根据所设计的电路图。

连接电路,不允许借用机床考核单元电气回路。参照所给定的图纸格式把系统电气原理图以及各个 PLC 的 I/O 接线图绘制在标准图纸上,在“设计”栏中填入选手工位号,在“制图”栏中填入 PLC 品牌型号。

参照所给定的 I/O 分配表格式,将编程中所用到的各个 PLC 的 I/O 点以及主要的中间继电器和存储器填入 I/O 分配表中。

(5)本次工作任务中用到的主要器件(如各个 PLC 和变频器)已安装好,部分线路也已经安装好,不得擅自更改设备中已有器件的位置和线路。其余器件的安装位置可自行定义。

(四)接线图

部分硬件接线图,如图 6-4 所示。

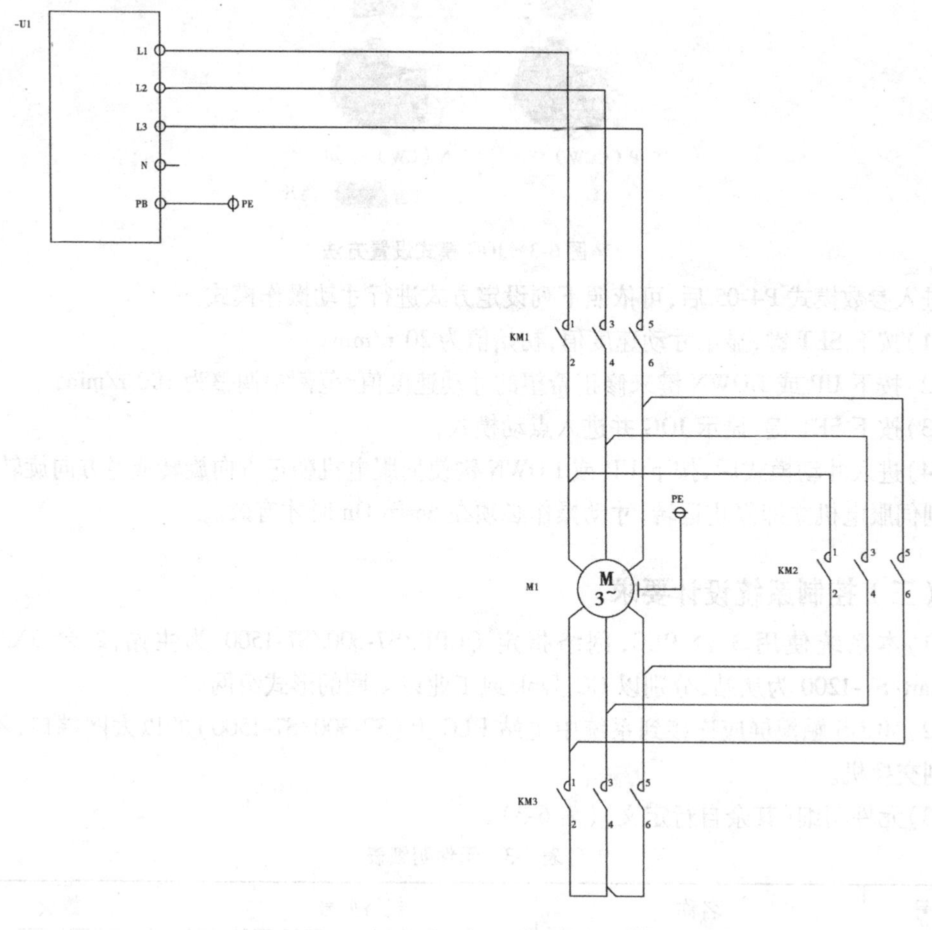

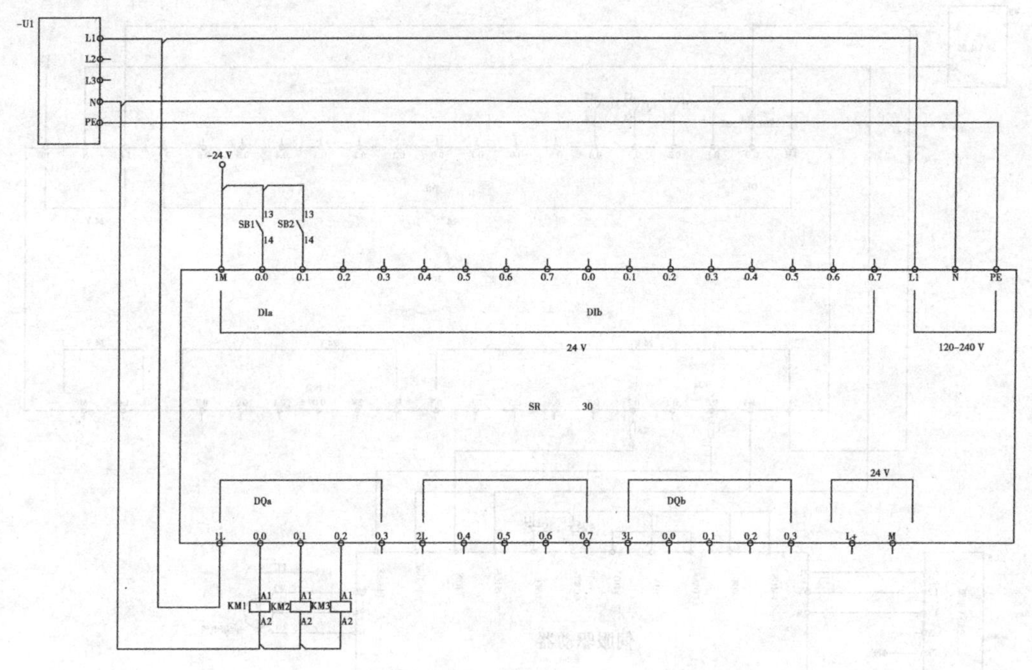
-U1
L1
L2
L3
N
PE
-24 V
SB1
SB2
13
14
1M 0.0 0.1 0.2 0.3 0.4 0.5 0.6 0.7 0.0 0.1 0.2 0.3 0.4 0.5 0.6 0.7 L1 N PE
DIa
DIb
24 V
120–240 V
SR
30
DQa
DQb
24 V
1L 0.0 0.1 0.2 0.3 2L 0.4 0.5 0.6 0.7 3L 0.0 0.1 0.2 0.3 L+ M
KM1
KM2
KM3
A1
A2

(a)降压启动

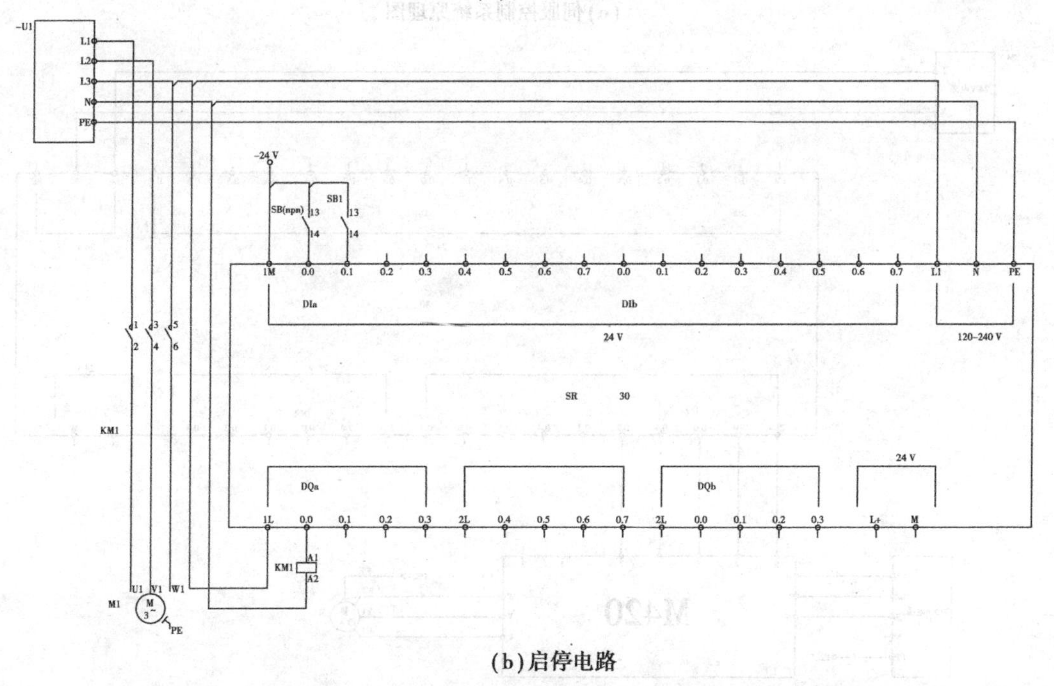
-U1
L1
L2
L3
N
PE
-24 V
SB(npn)
SB1
13
14
1M 0.0 0.1 0.2 0.3 0.4 0.5 0.6 0.7 0.0 0.1 0.2 0.3 0.4 0.5 0.6 0.7 L1 N PE
DIa
DIb
24 V
120–240 V
SR
30
DQa
DQb
24 V
1L 0.0 0.1 0.2 0.3 2L 0.4 0.5 0.6 0.7 2L 0.0 0.1 0.2 0.3 L+ M
1 3 5
2 4 6
KM1
A1
A2
U1 V1 W1
M1
M
3~
PE

(b)启停电路

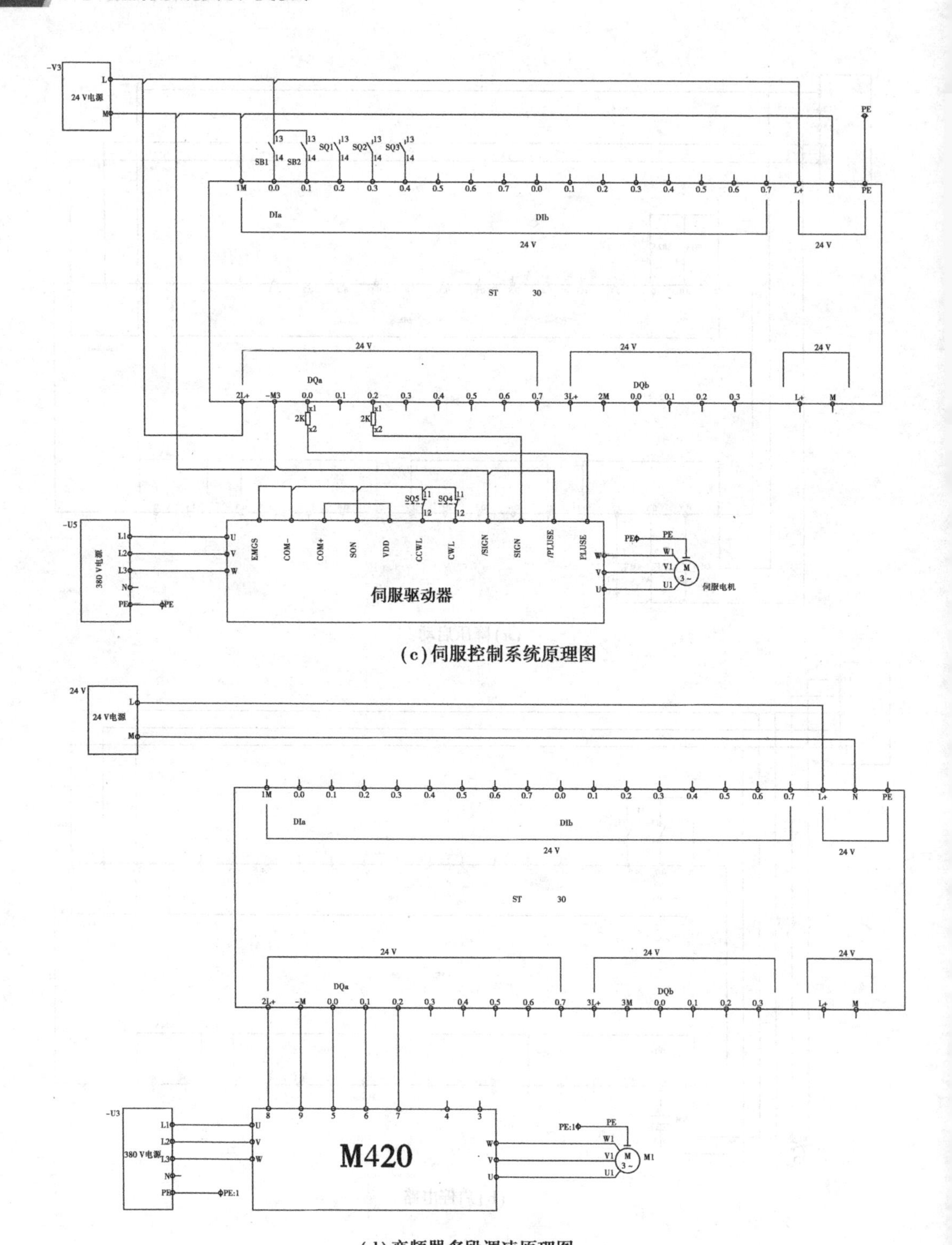

(c)伺服控制系统原理图

(d)变频器多段调速原理图

▲图 6-4 部分硬件接线图

二、任务实操

任务单——电气原理图绘制、硬件连接及伺服参数调整

公司名称			
部门			
项目描述	能根据任务要求,完成电气原理图绘制,硬件连接,伺服驱动器参数设置		
步骤	(1)熟悉标签打印系统要求; (2)绘制电气原理图; (3)硬件连接; (4)伺服驱动器参数设置		
电气原理图	绘制电气原理图:		
KPI 指标	工时:4 学时		难度权重:0.6
团队成员	电气工程师:	OP 手:	质检员:
完成时间	年　月　日		

三、任务评价

实验评价表

序号	评价项目	自我评价	组员互评	教师评价	综合评价
1	学习准备				
2	问题填写				
3	实验操作规范性				
4	实验完成质量				
5	5S 管理				
6	参与讨论主动性				
7	沟通协作				
8	展示汇报				

注:评价档次统一采用 A(优秀)、B(良好)、C(合格)、D(努力)4 个级别。

任务二　标签打印系统控制要求及画面制作

一、知识储备

标签打印系统设备具备两种工作模式:调试模式;加工模式。

(一)首界面要求

首页界面是启动界面。

单击"进入测试"界面,弹出"用户登录"窗口,用户名下拉选"负责人",输入密码"123"方可进入"调试模式界面",密码错误不能进入界面,调试完成后自动返回首页界面(也可在调试过程单击按钮返回)。

单击"进入运行"界面,弹出"用户登录"窗口,用户名下拉选"操作员",输入密码"456"方可进入"加工模式界面",密码错误不能进入界面,加工完成后返回首页界面。

如出现报警,跳出报警窗口,解除报警后返回当前窗口,继续调试或运行,如图6-5所示。

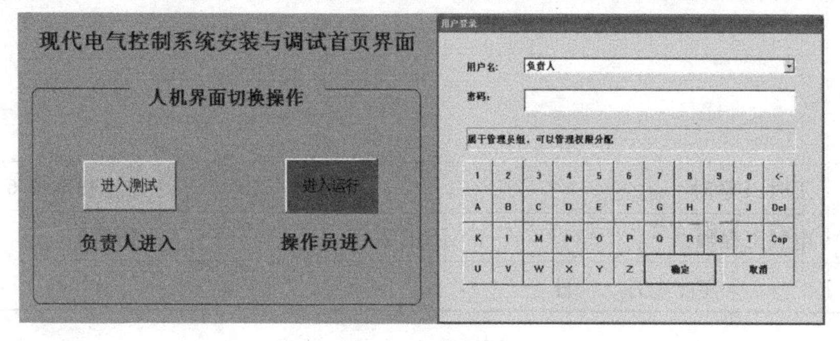

▲图6-5　首界面

(二)调试模式

设备进入调试模式后,触摸屏出现调试画面,如图6-6所示。通过单击下拉框,随意选择需调试的电机,并当前电机指示灯亮,按下SB1按钮,选中的电机按下述要求进行调试运行。没有调试顺序要求,每个电机调试完成后,对应的指示灯熄灭。

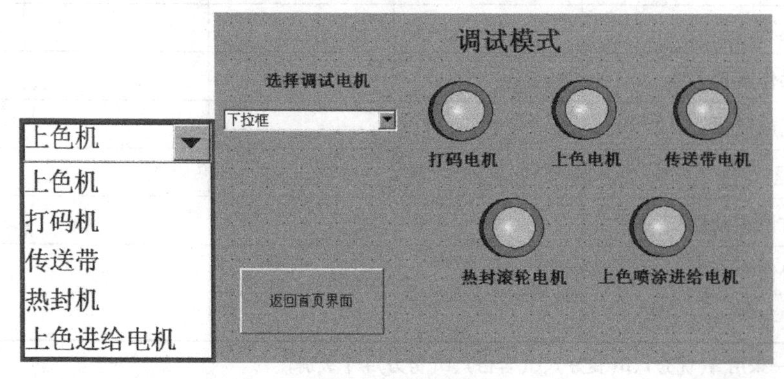

▲图6-6　调试画面

1. 打码电机 M1 调试过程

按下启动按钮“SB1”后，打码电机低速运行 6 s 后自动停止，再次按下启动按钮“SB1”后，高速运行 4 s 后自动停止，打码电机 M1 调试结束。M1 电机调试过程中，HL1 以 1 Hz 的频率闪烁。

2. 上色喷涂电机 M2 调试过程

按下启动按钮“SB1”后，上色喷涂电机启动运行 4 s 后自动停止，上色喷涂电机 M2 调试结束。M2 电机调试过程中，HL1 长亮。

3. 传送带电机（变频电机）M3 调试过程

按下“SB1”按钮，M3 电动机以 15 Hz 的频率启动，再按下“SB1”按钮，M3 电动机以 30 Hz 的频率运行，再按下“SB1”按钮，M3 电动机以 40 Hz 的频率运行，再按下“SB1”按钮，M3 电动机以 50 Hz 的频率运行，按下停止按钮“SB2”，M3 停止。运行过程中按下停止按钮“SB2”，M3 立即停止（调试没有结束），调试需重新启动。M3 电机调试过程中，HL2 以 1 Hz 的频率闪烁。

4. 热封滚轮电机 M4 调试过程

按下“SB1”按钮，电机 M4 启动，3 s 后 M4 自动停止，2 s 后又自动启动，按此周期反复运行，4 次循环工作后自动停止。调试过程中可随时按下“SB2”停止（调试没有结束），调试需重新启动。电机 M4 调试过程中，HL2 长亮。

5. 上色喷涂进给电机（伺服电机）M5 调试过程

上色喷涂进给电机结构示意图如图 6-7 所示。初始状态断电手动调节回原点 SQ1，按下“SB1”按钮，上色喷涂电机 M5 正转向左移动，当 SQ2 检测到信号时，停止旋转，停 2 s 后，电机 M5 反转右移，当 SQ1 检测到信号时，停止旋转，停 2 s 后，又向正转左移动至 SQ3 后停 2 s，电机 M5 反转右移回原点，至此上色喷涂电机 M5 调试结束。M5 电机调试过程中，M5 电机正转和反转转速均为 1 圈/s，HL1 和 HL2 同时以 2 Hz 的频率闪烁。

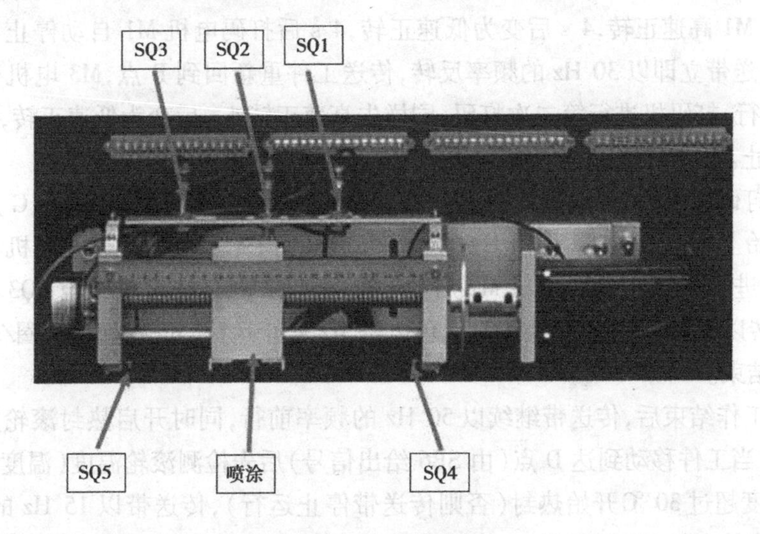

▲图 6-7　伺服电机

所有电机（M1 ~ M5）调试完成后将自动返回首页界面。在未调试结束前，单台电机可以反复调试。调试过程不要切换选择调试电机。

（三）加工模式

操作员登录设备"进入运行"，触摸屏进入加工模式画面，如图6-8所示，触摸屏画面主要包含：各个电机的工作状态指示灯、按钮、设置加工参数、当日生产数量（停止或失电时都不会被清零）等信息。完成加工后，只能返回到首页界面。

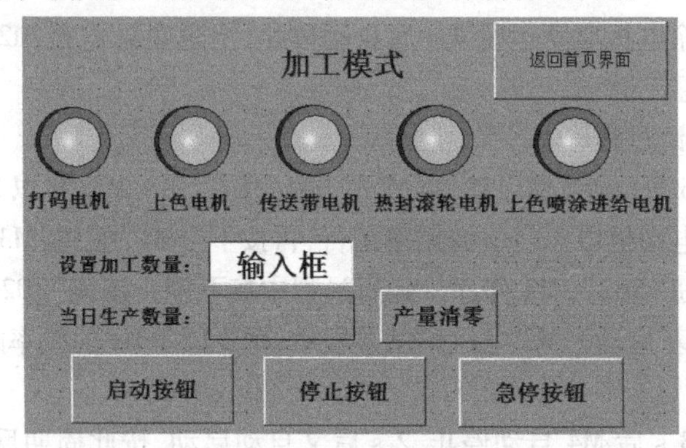

▲图6-8 加工模式

▲PLC之间的S7通信和用SCL实现星三角

加工模式时初始状态：上色喷涂进给电机在原点SQ1、传送带上各检测点（SB3～SB6）常开、所有电机（M1～M5）停止等。加工过程按下列顺序执行。

（1）设置加工数量后，按下启动按钮"SB1"，设备运行指示灯HL3。

闪烁等待放入工件（0.5 Hz），当入料传感器（SB3）检测到A点传送带上有标签工件，则HL3长亮，设备开始加工过程，M3电机正转启动，以50 Hz的频率运行，带动传送带上的工件移动。

（2）当工件移动到达B点（由SB4给出信号）后M3电机变换成15 Hz的频率正转运行，同时打码电机M1高速正转，4 s后变为低速正转，4 s后打码电机M1自动停止（代表第一次打码结束）；传送带立即以30 Hz的频率反转，传送工件重新回到B点，M3电机变换成15 Hz的频率正转运行，打码机进行第二次打码，同样先高速正转4 s后变为低速正转，4 s后打码电机M1自动停止。

（3）两次打码结束后，传送带继续以50 Hz的频率前行，当工件移动到达C点（由SB5给出信号）后开始上色，传送带降为15 Hz的频率正转运行；先上色喷涂进给电机M5以3圈/s速度从原点前进SQ2，此时上色电机M2启动运行；再以2圈/s速度进给至SQ3位置后停止，3 s后M5反转以3圈/s速度进给SQ2，上色电机M2停止运行，M5反转以1圈/s速度回到原点，上色工作结束。

（4）上色工作结束后，传送带继续以50 Hz的频率前行，同时开启热封滚轮加热（HL3代表加热动作），当工件移动到达D点（由SB6给出信号）后先检测滚轮温度（温度控制器+热电阻Pt100），温度超过30 ℃开始热封（否则传送带停止运行），传送带以15 Hz的频率正转运行，同时热封滚轮电机M4运行2 s→停2 s，循环3次后热封结束。至此一个标签加工完成。

（5）一个标签加工结束后，才能重新在入料口（A点）放入下一个标签工件，循环运行。在运行中按下停止按钮SB2后，设备将完成当前工件的加工后停止，同时HL3熄灭。在运行中按下急停按钮后，各动作立即停止（人工取走标签后），设备重新启动开始运行。

（四）非正常情况处理

当上色喷涂进给电机 M5 出现越程（左、右超行程位置开关分别为两侧微动开关 SQ4、SQ5），伺服系统自动锁住，并在触摸屏自动弹出报警画面“报警画面，设备越程”，解除报警后，系统重新从原点初始态启动。

当工件移动到达 D 点（由 SB6 给出信号），10 s 内检测滚轮温度未超过 30 ℃，10 s 后自动弹出报警画面“加热器损坏，请检查设备”，手动关闭窗口后再次自动进入 10 s 温度检测。

二、任务实操

任务单——标签打印系统控制要求及画面制作

公司名称			
部门			
项目描述	标签打印系统控制要求及画面制作		
制作画面，编写程序	具体操作如下： （1）添加硬件，网络组态； （2）新建画面； （3）添加内部变量； （4）制作画面，编写控制脚本		
制作画面	控制画面制作：		
脚本程序	记录工程脚本程序：		
KPI 指标	工时：2 学时		难度权重：0.6
团队成员	电气工程师：	OP 手：	质检员：
完成时间	年 月 日		

三、任务评价

实验评价表

序号	评价项目	自我评价	组员互评	教师评价	综合评价
1	学习准备				
2	问题填写				
3	实验操作规范性				
4	实验完成质量				
5	5S 管理				
6	参与讨论主动性				
7	沟通协作				
8	展示汇报				

注:评价档次统一采用 A(优秀)、B(良好)、C(合格)、D(努力)4 个级别。

任务三　标签打印系统控制程序编写及调试

一、知识储备

控制要求见任务二“知识储备”。

二、任务实操

任务单——标签打印系统控制程序编写及调试

公司名称	
部门	
项目描述	标签打印系统控制程序编写及调试
编写控制流程	下面先对控制流程进行分析:
流程图	绘制控制流程图:

续表

控制程序	记录控制程序：		
KPI 指标	工时:4 学时		难度权重:0.6
团队成员	电气工程师：	OP 手：	质检员：
完成时间	年　月　日		

三、任务评价

实验评价表

序号	评价项目	自我评价	组员互评	教师评价	综合评价
1	学习准备				
2	问题填写				
3	实验操作规范性				
4	实验完成质量				
5	5S 管理				
6	参与讨论主动性				
7	沟通协作				
8	展示汇报				

注:评价档次统一采用 A(优秀)、B(良好)、C(合格)、D(努力)4 个级别。

参考文献

[1] 汤晓华,蒋正炎. 现代电气控制系统安装与调试[M]. 北京:中国铁道出版社,2017.

[2] 周蕾. 电气控制系统安装与调试[M]. 北京:清华大学出版社,2016.

[3] 陆敏智,项亚南. 电气控制系统安装与调试[M]. 2 版. 北京:电子工业出版社,2023.

[4] 唐立伟. 电气控制系统安装与调试技能训练[M]. 北京:北京邮电大学出版社,2015.

[5] 张晓娟,于秀娜. 工厂电气控制设备[M]. 3 版. 北京:电子工业出版社,2020.

[6] 毕筱妍,杜丽萍. 电气控制系统安装与调试[M]. 北京:教育科学出版社,2015.

[7] 蓝旺英,宋天武. 电气控制系统安装与调试[M]. 北京:中国水利水电出版社,2010.

[8] 刘光起. 电气控制系统设计安装调试[M]. 北京:煤炭工业出版社,2010.

[9] 唐立伟,何荣誉. 电气控制系统安装与调试[M]. 长沙:中南大学出版社,2015.

[10] 赵亚英,袁运平. 电气控制系统设计安装与调试[M]. 北京:科学出版社,2013.